大数据与人工智能技术丛书

TensorFlow深度学习实战

微课视频版

◎吕云翔 王志鹏 刘卓然 主 编

欧阳植昊 郭志鹏 王渌汀 闫 坤 杜宸洋 关捷雄 华昱云 陈妙然 副主编

清华大学出版社

北京

内 容 简 介

本书以 TensorFlow 为基础,介绍机器学习的基础知识与常用方法,全面细致地提供了基本机器学习操作的原理和在 TensorFlow 框架下的实现步骤。全书分为基础篇和实战篇,包括 17 章内容和两个附录,分别为深度学习简介、深度学习框架、机器学习基础知识、TensorFlow 深度学习基础、回归模型、神经网络基础、卷积神经网络与计算机视觉、神经网络与自然语言处理、基于 YOLO V3 的安全帽佩戴检测、基于 ResNet 的人脸关键点检测、基于 ResNet 的花卉图片分类、基于 U-Net 的细胞分割、基于 DCGAN 的 MNIST 数据生成、基于迁移学习的电影评论分类、基于 LSLM 的原创音乐生成、基于 RNN 的文本分类以及基于 TensorFlowTTS 的中文语音合成。本书将理论与实践紧密结合,相信能为读者提供有益的学习指导。

本书适合 Python 深度学习初学者、机器学习算法分析从业人员以及全国高等学校计算机科学与技术、软件工程等相关专业的师生阅读。

图书在版编目(CIP)数据

TensorFlow 深度学习实战:微课视频版/吕云翔,王志鹏,刘卓然主编.—北京:清华大学出版社,2022.5 (2025.1重印)
(大数据与人工智能技术丛书)
ISBN 978-7-302-60293-4

Ⅰ. ①T… Ⅱ. ①吕… ②王… ③刘… Ⅲ. ①人工智能—算法 Ⅳ. ①TP18

中国版本图书馆 CIP 数据核字(2022)第 039371 号

责任编辑:陈景辉
封面设计:刘 键
责任校对:徐俊伟
责任印制:杨 艳

出版发行:清华大学出版社
　　网　　址:https://www.tup.com.cn, https://www.wqxuetang.com
　　地　　址:北京清华大学学研大厦 A 座　　邮　　编:100084
　　社 总 机:010-83470000　　　　　　　　邮　　购:010-62786544
　　投稿与读者服务:010-62776969, c-service@tup.tsinghua.edu.cn
　　质量反馈:010-62772015, zhiliang@tup.tsinghua.edu.cn
　　课件下载:https://www.tup.com.cn,010-83470236
印 装 者:三河市君旺印务有限公司
经　 销:全国新华书店
开　 本:185mm×260mm　　印　张:13.5　　　　　字　 数:318 千字
版　 次:2022 年 5 月第 1 版　　　　　　　　　　印　 次:2025 年 1 月第 3 次印刷
印　 数:2601~2900
定　 价:59.90 元

产品编号:095002-01

前　言

深度学习领域技术的飞速发展，给人们的生活带来了很大改变。例如，智能语音助手能够与人类无障碍地沟通，甚至在视频通话时可以提供实时翻译；将手机摄像头聚焦在某个物体上，该物体的相关信息就会迅速地反馈给使用者；在购物网站上浏览商品时，计算机也在同时分析着用户的偏好，并及时个性化地推荐用户可能感兴趣的商品。原先以为只有人类才能做到的事，现在机器也能毫无差错地完成，甚至超越人类，这显然与深度学习的发展密不可分，技术正引领人类社会走向崭新的世界。

本书以深度学习为主题，将理论与简明实战案例相结合，以加深读者对于理论知识的理解。本书首先介绍深度学习领域的现状，深度学习领域和其他领域技术之间的关系，以及它们的主要特点和适用范围；接下来，详细讲解 TensorFlow 框架中的基本操作，并在讲解深度学习理论知识的同时，提供完整、详尽的实现过程，供读者参考。相信读者在阅读完本书后，会对深度学习有全面而深刻的了解，同时具备相当强的实践能力。

全书共分为两部分，包括 17 章内容。

第 1 部分基础篇涵盖第 1～8 章。第 1 章深度学习简介，包括计算机视觉、自然语言处理、强化学习；第 2 章深度学习框架，包括 Caffe、TensorFlow、PyTorch；第 3 章机器学习基础知识，包括模型评估与模型参数选择、监督学习与非监督学习；第 4 章 TensorFlow 深度学习基础，包括 Tensor 对象及其运算，Tensor 的索引和切片，Tensor 的变换、拼接和拆分，TensorFlow 的 Reduction 操作，三种计算图，TensorFlow 的自动微分；第 5 章回归模型，包括线性回归、Logistic 回归、用 TensorFlow 实现 Logistic 回归；第 6 章神经网络基础，包括基础概念、感知器、BP 神经网络、Dropout 正则化、批标准化；第 7 章卷积神经网络与计算机视觉，包括卷积神经网络的基本思想、卷积操作、池化层、卷积神经网络、经典网络结构、用 TensorFlow 进行手写数字识别；第 8 章神经网络与自然语言处理，包括语言建模、基于多层感知器的架构、基于循环神经网络的架构、基于卷积神经网络的架构、基于 Transformer 的架构、表示学习与预训练技术。

第 2 部分实战篇涵盖第 9～17 章。第 9 章基于 YOLO V3 的安全帽佩戴检测，包括数据准备，模型构建、训练和测试；第 10 章基于 ResNet 的人脸关键点检测，包括数据准备、模型搭建与训练、模型评价；第 11 章基于 ResNet 的花卉图片分类，包括环境与数据准备，模型构建、训练和测试；第 12 章基于 U-Net 的细胞分割，包括细胞分割、基于 U-Net 细胞分割的实现；第 13 章基于 DCGAN 的 MNIST 数据生成，包括生成对抗网络介绍、准备工作、创建模型、损失函数和优化器、定义训练循环、训练模型和输出结果。第 14 章基于迁移学习的电影评论分类，包括迁移学习概述、IMDB 数据集、构建模型解决 IMDB 数据集分类问题、模型训练和结果展示；第 15 章基于 LSTM 的原创音乐生成，包括样例背景介绍、项目结构设计、实验步骤、成果检验；第 16 章基于 RNN 的文本分类，包

括数据准备、创建模型、训练模型、堆叠两个或更多 LSTM 层；第 17 章基于
TensorFlowTTS 的中文语音合成，包括 TTS 简介、基于 TensorFlowTTS 的语音合成
实现。

附录部分包括附录 A TensorFlow 环境搭建和附录 B 深度学习的数学基础。

本书特色

（1）内容涵盖深度学习数学基础讲解，便于没有高等数学基础的读者阅读。

（2）提供实际可运行的代码和让读者可以亲自试验的学习环境。

（3）对于误差反向传播法、卷积运算等看起来很复杂的技术，帮助读者在实现层面上
理解。

（4）介绍流行的技术（如 Batch Normalization）并进行实现。

（5）提供真实的案例、完整的构建过程以及相应源代码，使读者能完整感受完成深度
学习项目的过程。

配套资源

为便于教与学，本书配有 210 分钟微课视频、源代码、数据集、教学课件、教学大纲。

（1）获取微课视频方式：读者可以先扫描本书封底的文泉云盘防盗码，再扫描书中
相应的视频二维码，观看教学视频。

（2）其他配套资源可以扫描本书封底的"书圈"二维码，关注后回复本书的书号，即可
下载。

读者对象

本书适合 Python 深度学习初学者、机器学习算法分析从业人员以及全国高等学校
计算机科学、软件工程等相关专业的师生阅读。

参与本书编写的有吕云翔、王志鹏、刘卓然、欧阳植昊、郭志鹏、王渌汀、闫坤、杜宸洋、
关捷雄、华昱云、陈妙然，同时曾洪立参与了部分内容的编写并完成了素材整理及配套资
源制作等工作。

由于编者水平和能力有限，书中难免有疏漏之处，恳请各位同行和广大读者批评
指正。

编 者

2022 年 4 月

目　录

第1部分　基　础　篇

第2部分 实 战 篇

第1部分　基　础　篇

第 1 章

深度学习简介

1.1 计算机视觉

1.1.1 定义

计算机视觉是使用计算机及相关设备对生物视觉的一种模拟。它的主要任务是通过对采集的图片或视频进行处理以获得相应场景的三维信息。计算机视觉是一门关于如何运用照相机和计算机获取人们所需的、被拍摄对象的数据与信息的学问。形象地说,就是给计算机安装上眼睛(照相机)和大脑(算法),让计算机能够感知环境。

1.1.2 基本任务

计算机视觉的基本任务包括图像处理、模式识别或图像识别、景物分析、图像理解等。除了图像处理和模式识别之外,它还包括空间形状的描述、几何建模以及认识过程。实现图像理解是计算机视觉的终极目标。下面举例说明图像处理、模式识别和图像理解。

图像处理技术可以把输入图像转换成具有所希望特性的另一幅图像。例如,可通过处理使输出图像有较高的信噪比,或通过增强处理突出图像的细节,以便于操作员的检验。在计算机视觉研究中经常利用图像处理技术进行预处理和特征抽取。

模式识别技术根据从图像抽取的统计特性或结构信息,把图像分成预定的类别。例如,文字识别或指纹识别。在计算机视觉中,模式识别技术经常用于对图像中的某些部分(例如分割区域)的识别和分类。

图像理解技术是对图像内容信息的理解。给定一幅图像,图像理解程序不仅描述图像本身,而且描述和解释图像所代表的景物,以便对图像代表的内容做出决定。在人工智能研究的初期经常使用景物分析这个术语,以强调二维图像与三维景物之间的区别。图像理解除了需要复杂的图像处理以外，还需要具有关于景物成像的物理规律的知识以及与景物内容有关的知识。

1.1.3 传统方法

在深度学习算法出现之前，对于视觉算法来说，大致可以分为特征感知、图像预处理、特征提取、特征筛选和推理预测与识别5个步骤。早期的机器学习，占优势的统计机器学习群体中，对特征的重视是不够的。

何为图片特征？用通俗的语言来说，即是最能表现图像特点的一组参数，常用到的特征类型有颜色特征、纹理特征、形状特征和空间关系特征。为了让机器尽可能完整且准确地理解图片，需要将包含庞杂信息的图像简化抽象为若干个特征量，以便于后续计算。在深度学习技术没有出现的时候，图像特征需要研究人员手工提取，这是一个繁琐且冗长的工作，因为很多时候研究人员并不能确定什么样的特征组合是有效的，而且常常需要研究人员去手工设计新的特征。在深度学习技术出现后，问题简化了许多，各种各样的特征提取器以人脑视觉系统为理论基础，尝试直接从大量数据中提取出图像特征。我们知道，图像是由多个像素拼接组成的，每个像素在计算机中存储的信息是其对应的 RGB 数值，一幅图片包含的数据量大小可想而知。

过去的算法主要依赖于特征算子，比如最著名的 SIFT 算子，即所谓的对尺度旋转保持不变的算子。它被广泛地应用于图像比对，特别是所谓的 structure from motion（运动恢复结构）应用中有一些成功的应用例子。另一个是 HoG 算子，它可以提取比较健壮的物体边缘，在物体检测中扮演着重要的角色。

这些算子还包括 Textons、Spin image、RIFT 和 GLOH，它们都是在深度学习诞生之前或者深度学习真正流行起来之前占领了视觉算法的主流。

这些特征和一些特定的分类器组合得到了一些成功或半成功的例子，基本达到了商业化的要求，但还没有完全商业化。一是指纹识别算法，它已经非常成熟，一般是在指纹的图案上面去寻找一些关键点，寻找具有特殊几何特征的点，然后把两个指纹的关键点进行比对，判断是否匹配。二是 2001 年基于 Haar 的人脸检测算法，在当时的硬件条件下已经能够达到实时人脸检测，我们现在所有手机和相机里的人脸检测，都是基于它的变种。三是基于 HoG 特征的物体检测，它和所对应的 SVM 分类器组合起来就是著名的 DPM 算法。DPM 算法在物体检测上超过了所有的算法，取得了比较不错的成绩。但这种成功例子太少了，一是因为手工设计特征需要丰富的经验，需要研究人员对这个领域和数据特别了解，另外设计出来的特征还需要大量的调试工作。二是在于，研究人员不只需要手工设计特征，还要在此基础上有一个比较合适的分类器算法。因此，这两者合并达到最优的效果，几乎是不可能完成的任务。

1.1.4 仿生学与深度学习

如果不用手工设计特征，不挑选分类器，有没有别的方案呢？能不能同时学习特征和分类器？即输入某一个模型的时候，输入的只是图片，输出的就是它自己的标签。比如输入一个明星的头像，如图 1.1 所示的神经网络示例，模型输出的标签就是一个 50 维的向量（如果要在 50 个人中识别），其中对应明星的向量是 1，其他的位置是 0。

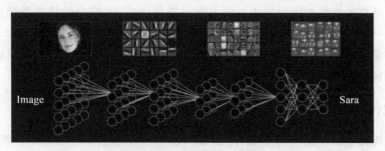

图 1.1　神经网络示例

这种设定符合人类脑科学的研究成果。1981 年，诺贝尔医学和生理学奖颁发给了神经生物学家 David Hubel。他的主要研究成果是发现了视觉系统信息处理机制，证明大脑的可视皮层是分级的。他的贡献主要有两个，一是他认为人的视觉功能一个是抽象的，另一个是迭代的。抽象就是把非常具体、形象的元素，即原始的光线像素等信息，抽象出来形成有意义的概念。这些有意义的概念又会往上迭代，变成更加抽象、人可以感知到的抽象概念。

像素是没有抽象意义的，但人脑可以把这些像素连接成边缘，边缘相对像素来说就变成了比较抽象的概念；边缘进而形成球形，球形然后形成气球，又是一个抽象的过程，大脑最终就知道看到的是一个气球。

模拟人脑识别人脸，如图 1.2 所示，也是抽象迭代的过程，从最开始的像素到第二层的边缘，再到人脸的局部，然后到整张人脸，是一个抽象迭代的过程。

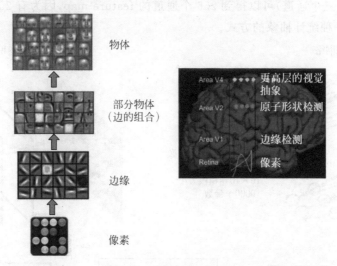

图 1.2　人脑与神经网络

再比如认识到图片中的物体是摩托车的这个过程，人脑可能只需要几秒就可以处理完毕，但这个过程中经过了大量的神经元抽象迭代。对计算机来说，最开始看到的也不是摩托车，而是 RGB 图像三个通道上不同的数字。

所谓的特征或者视觉特征,就是把这些数值综合起来用统计或非统计的方法,把摩托车的部件或者整辆摩托车表现出来。深度学习流行之前,大部分的设计图像特征就是基于此,即把一个区域内的像素级别的信息综合表现出来,以利于后面的分类学习。

如果要完全模拟人脑,也要模拟抽象和递归迭代的过程,把信息从最细琐的像素级别,抽象到"种类"的概念,让人能够接受。

1.1.5　现代深度学习

计算机视觉里经常使用的卷积神经网络,即 CNN,是一种对人脑比较精准的模拟。人脑在识别图片的过程中,并不是对整幅图同时进行识别,而是在感知图片中的局部特征之后,将局部特征综合起来得到整幅图的全局信息。卷积神经网络模拟了这一过程,其卷积层通常是堆叠的,低层的卷积层可以提取到图片的局部特征,例如角、边缘、线条等,高层的卷积层能够从低层的卷积层中学到更复杂的特征,从而实现对图片的分类和识别。

卷积就是两个函数之间的相互关系。在计算机视觉里面,可以把卷积当作一个抽象的过程,就是把小区域内的信息统计抽象出来。例如,对于一张爱因斯坦的照片,可以学习 n 个不同的卷积和函数,然后对这个区域进行统计。可以用不同的方法统计,比如可以着重统计中央,也可以着重统计周围,这就导致统计的函数的种类多种多样,以达到可以同时学习多个统计的累积和的目的。

图 1.3 演示了如何从输入图像得到最后的卷积,生成相应的图。首先,用学习好的卷积和对图像进行扫描,然后每个卷积和会生成一个扫描的响应图,称为响应图或者称为特征图(feature map)。如果有多个卷积和,就有多个特征图。也就是说,从一个最开始的输入图像(RGB 三个通道)可以得到 256 个通道的 feature map,因为有 256 个卷积和,每个卷积和代表一种统计抽象的方式。

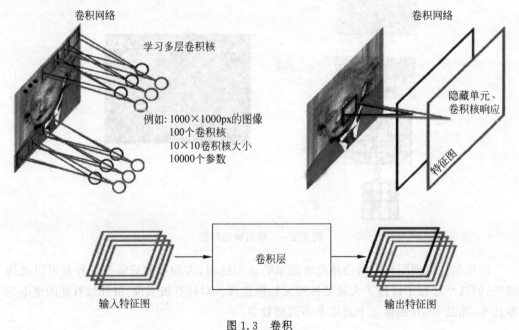

图 1.3　卷积

在卷积神经网络中,除了卷积层,还有一种叫池化的操作。池化操作在统计上的概念更明确,就是对一个小区域内求平均值或者求最大值的统计操作。

带来的结果是,池化操作会将输入的 feature map 的尺寸减小,让后面的卷积操作能够获得更大的视野,也降低了运算量,具有加速的作用。

在如图 1.4 所示这个例子里,池化层对每个大小为 2×2px 的区域求最大值,然后把最大值赋给生成的 feature map 的对应位置。如果输入图像的大小是 100×100px,那输出图像的大小就会变成 50×50px,feature map 变成了原来的 1/4。同时保留的信息是原来 2×2 区域里面最大的信息。

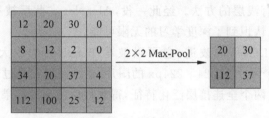

图 1.4　池化

LeNet 网络如图 1.5 所示。Le 是人工智能领域先驱 LeCun 名字的简写。LeNet 是许多深度学习网络的原型和基础。在 LeNet 之前,人工神经网络层数都相对较少,而 LeNet 5 层网络突破了这一限制。LeNet 在 1998 年即被提出,LeCun 用这一网络进行字母识别,达到了非常好的效果。

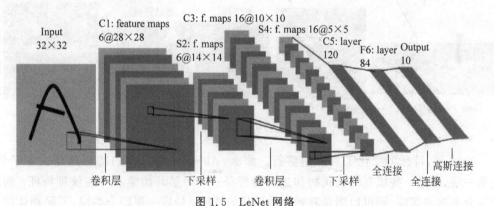

图 1.5　LeNet 网络

LeNet 网络输入的图像是大小为 32×32px 的灰度图,第一层经过了一组卷积和,生成了 6 个 28×28px 的 feature map,然后经过一个池化层,得到 6 个 14×14px 的 feature map,然后再经过一个卷积层,生成了 16 个 10×10px 的 feature map,再经过池化层生成 16 个 5×5px 的 feature map。

这 16 个大小为 5×5px 的 feature map 再经过 3 个全连接层,即可得到最后的输出结果。输出就是标签空间的输出。由于设计的是只对 0~9 进行识别,所以输出空间是 10,如果要对 10 个数字再加上 52 个大、小写字母进行识别的话,输出空间就是 62。向量各维度的值代表"图像中元素等于该维度对应标签的概率",即若该向量第一维度输出为

0.6，即表示图像中元素是"0"的概率是0.6。那么该62维向量中值最大的那个维度对应的标签即为最后的预测结果。在62维向量里，如果某一个维度上的值最大，它对应的那个字母和数字就是预测结果。

从1998年开始的15年间，深度学习领域在众多专家学者的带领下不断发展壮大。遗憾的是，在此过程中，深度学习领域没有产生足以轰动世人的成果，导致深度学习的研究一度被边缘化。直到2012年，深度学习算法在部分领域取得不错的成绩，而压在骆驼背上的最后一根稻草就是AlexNet。

AlexNet由多伦多大学提出，在ImageNet比赛中取得了非常好的效果。AlexNet识别效果超过了当时所有浅层的方法。经此一役，AlexNet在此后被不断地改进、应用，同时，学术界和工业界也认识到了深度学习的无限可能。

AlexNet是基于LeNet的改进，它可以被看作LeNet的放大版，如图1.6所示。AlexNet的输入是一个大小为224×224px的图片，输入图像在经过若干个卷积层和若干个池化层后，最后经过两个全连接层泛化特征，得到最后的预测结果。

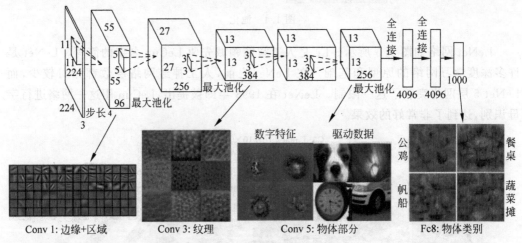

图1.6 AlexNet

2015年，特征可视化工具开始盛行。那么，AlexNet学习出的特征是什么样子的？在第一层，都是一些填充的块状物和边界等特征；中间层开始学习一些纹理特征；而在接近分类器的高层，则可以明显看到物体形状的特征；最后一层即分类层，不同物体的主要特征已经被完全提取出来。

无论对什么物体进行识别，特征提取器提取特征的过程都是渐进的。特征提取器最开始提取到的是物体的边缘特征，继而是物体的各部分信息，然后在更高层级上才能抽取到物体的整体特征。整个卷积神经网络实际上是在模拟人的抽象和迭代的过程。

1.1.6 影响卷积神经网络发展的因素

卷积神经网络的设计思路非常简洁，且很早就被提出。那为什么在时隔20多年后，卷积神经网络才开始成为主流？这一问题与卷积神经网络本身的技术关系不太大，而与其他一些客观因素有关。

首先,如果卷积神经网络的深度太浅,其识别能力往往不如一般的浅层模型,比如SVM或者 boosting。但如果神经网络深度过大,就需要大量数据进行训练来避免过拟合。而自 2006 年开始,恰好是互联网开始产生大量图片数据的时期。

其次,卷积神经网络对计算机的运算能力要求比较高,需要大量重复、可并行化的计算。在 1998 年 CPU 只有单核且运算能力比较低的情况下,不可能进行很深的卷积神经网络的训练。随着 GPU 计算能力的增长,卷积神经网络结合大数据的训练才成为可能。

总而言之,卷积神经网络的兴起与近些年来技术的发展是密切相关的,而这一领域的革新则不断推动了计算机视觉的发展与应用。

1.2 自然语言处理

自然语言区别于计算机所使用的机器语言和程序语言,是指人类用于日常交流的语言。而自然语言处理的目的是要让计算机来理解和处理人类的语言。

让计算机来理解和处理人类的语言也不是一件容易的事情,因为语言对于感知的抽象很多时候并不是直观的、完整的。我们的视觉感知到一个物体,就是实实在在地接收到了代表这个物体的所有像素。但是,自然语言的一个句子背后往往包含着不直接表述出来的常识和逻辑,这使得计算机在试图处理自然语言的时候不能从字面上获取所有的信息。因此自然语言处理的难度更大,它的发展与应用相比于计算机视觉也往往呈现出滞后的情况。

深度学习在自然语言处理上的应用也是如此。为了将深度学习引入这个领域,研究者尝试了许多方法来表示和处理自然语言的表层信息(如词向量、更高层次、带上下文信息的特征表示等),也尝试过许多方法来结合常识与直接感知(如知识图谱、多模态信息等)。这些研究都富有成果,其中的大多都已应用于现实中,甚至用于社会管理、商业、军事中。

1.2.1 自然语言处理的基本问题

自然语言处理主要研究能实现人与计算机之间用自然语言进行有效通信的各种理论和方法,其主要任务如下所述。

(1) **语言建模**。语言建模即计算一个句子在一种语言中出现的概率。这是一个高度抽象的问题,在第 8 章有详细介绍。它的一种常见形式:给出句子的前几个词,预测下一个词是什么。

(2) **词性标注**。句子都是由单独的词汇构成的,自然语言处理有时需要标注出句子中每个词的词性。需要注意的是,句子中的词汇并不是独立的,在研究的过程中,通常需要考虑词汇的上下文。

(3) **中文分词**。中文的最小自然单位是字,但单个字的意义往往不明确或者含义较多,并且在多语言的任务中与其他以词为基本单位的语言不对等。因此不论是从语言学特性还是从模型设计的角度来说,都需要将中文句子恰当地切分为单个的词。

（4）**句法分析**。由于人类在进行语言表达的时候只能逐词地按顺序说,因此自然语言的句子也是扁平的序列。但这并不代表着一个句子中不相邻的词与词之间就没有关系,也不代表着整个句子中的词只有前后关系。它们之间的关系是复杂的,需要用树状结构或图才能表示清楚。句法分析中,人们希望通过明确句子内两个或多个词的关系来了解整个句子的结构。句法分析的最终结果是一棵句法树。

（5）**情感分类**。给出一个句子,我们希望知道这个句子表达了什么情感;有时候是正面/负面的二元分类,有时候是更细粒度的分类;有时候是仅给出一个句子,有时候是指定对于特定对象的态度/情感。

（6）**机器翻译**。最常见的是把源语言的一个句子翻译成目标语言的一个句子。与语言建模相似,给定目标语言一个句子的前几个词,预测下一个词是什么,但最终预测出来的整个目标语言句子必须与给定的源语言句子具有完全相同的含义。

（7）**阅读理解**。有许多形式:有时候是输入一个段落或一个问题,生成一个回答(类似问答),或者在原文中标定一个范围作为回答(类似从原文中找对应句子),有时候是输出一个分类(类似选择题)。

1.2.2　传统方法与神经网络方法的比较

1. 人工参与程度

在传统的自然语言处理方法中,人参与得非常多。比如基于规则的方法就是由人完全控制,人用自己的专业知识完成了对一个具体任务的抽象和建立模型,对模型中一切可能出现的案例提出解决方案,定义和设计了整个系统的所有行为。这种人过度参与的现象到基于传统统计学方法出现以后略有改善,人们开始让步对系统行为的控制;被显式构建的是对任务的建模和对特征的定义,然后系统的行为就由概率模型来决定了,而概率模型中的参数估计则依赖于所使用的数据和特征工程中所设计的输入特征。到了深度学习的时代,特征工程也不需要了,人只需要构建一个合理的概率模型,特征抽取就由精心设计的神经网络架构来完成;甚至于当前人们已经在探索神经网络架构搜索的方法,这意味着人们对于概率模型的设计也部分地交给了深度学习代劳。

总而言之,人的参与程度越来越低,但系统的效果越来越好。这是合乎直觉的,因为人对于世界的认识和建模总是片面的、有局限性的。如果可以将自然语言处理系统的构建自动化,将其基于对世界的观测点(即数据集),所建立的模型和方法一定会比人类的认知更加符合真实的世界。

2. 数据量

随着自然语言处理系统中人工参与的程度越来越低,系统的细节就需要更多的信息来决定,这些信息只能来自更多的数据。今天当我们提到神经网络方法时,都喜欢把它描述成为"数据驱动的方法"。

从人们使用传统的统计学方法开始,如何取得大量的标注数据就已经是一个难题。随着神经网络架构日益复杂,网络中的参数也呈现爆炸式的增长。特别是近年来深度学习加速硬件的算力突飞猛进,人们对于使用巨量的参数更加肆无忌惮,这就显得数据量日益捉襟见肘。特别是一些低资源的语言和领域中,数据短缺问题更加严重。

这种数据的短缺,迫使人们研究各种方法来提高数据利用效率(data efficiency)。于是零次学习(zero-shot learning)和领域自适应(domain adaptation)等半监督乃至非监督的方法应运而生。

3. 可解释性

人工参与程度的降低带来的另一个问题是模型的可解释性越来越低。在理想状况下,如果系统非常有效,人们根本不需要关心黑盒系统的内部构造。但事实是,自然语言处理系统的状态离完美还有相当大的差距,因此当模型出现问题的时候,人们总是希望知道问题的原因,并希望找到相应的办法来避免或修补。

一个模型能允许人们检查它的运行机制和问题成因,允许人们干预和修补问题,要做到这一点是非常重要的,尤其对于一些商用生产的系统来说。传统基于规则的方法中,一切规则都是由人手动规定的,要更改系统的行为非常容易;而在传统的统计学方法中,许多参数和特征都有明确的语言学含义,要想定位或者修复问题通常也可以做到。

然而现在主流的神经网络模型都不具备这种能力,它们就像黑箱子,你可以知道它有问题,或者有时候可以通过改变它的设定来大致猜测问题的可能原因;但要想控制和修复问题则往往无法在模型中直接完成,而要在后处理(post-processing)的阶段重新拾起旧武器——基于规则的方法。

这种隐忧使得人们开始探索如何提高模型的可解释性这一领域。主要的做法包括试图解释现有的模型和试图建立透明度较高的新模型。然而要做到完全理解一个神经网络的行为并控制它,还有很长的路要走。

1.2.3 发展趋势

从传统方法和神经网络方法的对比中,可以看出自然语言处理的模型和系统构建是向着越来越自动化、模型越来越通用的趋势发展的。

一开始,人们试图减少和去除人类专家知识的参与。因此就有了大量的网络参数、复杂的架构设计,这些都是通过在概率模型中提供潜在变量(latent variable),使得模型具有捕捉和表达复杂规则的能力。这一阶段,人们渐渐地摆脱了人工制定的规则和特征工程,同一种网络架构可以被许多自然语言任务通用。

之后,人们觉得每一次为新的自然语言处理任务设计一个新的模型架构并从头训练的过程过于烦琐,于是试图开发利用这些任务底层所共享的语言特征。在这一背景下,迁移学习逐渐发展,从前神经网络时代的 LDA、Brown Clusters,到早期深度学习中的预训练词向量 word2vec、Glove 等,再到今天家喻户晓的预训练语言模型 ELMo、BERT。这使得不仅是模型架构可以通用,连训练好的模型参数也可以通用。

现在人们希望神经网络的架构都可以不需要设计,而是根据具体的任务和数据来搜索得到。这一新兴领域方兴未艾,可以预见,随着研究的深入,自然语言处理的自动化程度一定会得到极大的提高。

1.3　强化学习

1.3.1　什么是强化学习

强化学习是机器学习的一个重要分支，它与非监督学习、监督学习并列为机器学习的三类主要学习方法，三者之间的关系如图1.7所示。强化学习强调如何基于环境行动，以取得最大化的预期利益，所以强化学习可以被理解为决策问题。它是多学科、多领域交叉的产物，其灵感来自心理学的行为主义理论，即有机体如何在环境给予的奖励或惩罚的刺激下，逐步形成对刺激的预期，产生能获得最大利益的习惯性行为。强化学习的应用范围非常广泛，各领域对它的研究重点各有不同。在本书中，不对这些分支展开讨论，而专注于强化学习的通用概念。

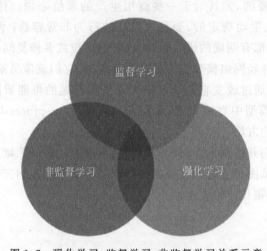

图1.7　强化学习、监督学习、非监督学习关系示意

在实际应用中，人们常常会把强化学习、监督学习和非监督学习三者混淆。为了更深刻地理解强化学习和它们之间的区别，下面介绍监督学习和非监督学习的概念。

监督学习是通过带有标签或对应结果的样本训练得到一个最优模型，再利用这个模型将所有的输入映射为相应的输出，以实现分类。

非监督学习即在未知样本标签的情况下，根据样本间的相似性对样本集进行聚类，使类内差距最小化，学习出分类器。

上述两种学习方法都会学习从输入到输出的一个映射，它们学习的是输入和输出之间的关系，可以告诉算法什么样的输入对应着什么样的输出。而强化学习得到的是反馈，它是在没有任何标签的情况下，通过先尝试做出一些行为、得到一个结果，通过这个结果是对还是错的反馈，调整之前的行为。在不断的尝试和调整中，算法学习到在什么样的情况下选择什么样的行为可以得到最好的结果。此外，监督学习的反馈是即时的，而强化学习的结果反馈有延时，很可能需要走了很多步以后才知道之前某一步的选择是好还是坏。

1. 强化学习的4个元素

强化学习主要包含4个元素：智能体（agent）、环境状态（state）、行动（action）、反馈（reward），它们之间的关系如图1.8所示，详细定义如下。

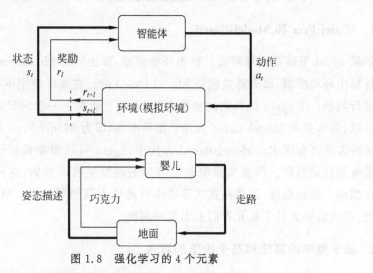

图1.8 强化学习的4个元素

agent：智能体是执行任务的客体，只能通过与环境互动来提升策略。

state：在每个时间节点，agent所处的环境的表示即为环境状态。

action：在每个环境状态中，agent可以采取的动作即为行动。

reward：每到一个环境状态，agent就有可能会收到一个反馈。

2. 强化学习算法的目标

强化学习算法的目标就是获得最多的累计奖励（正反馈）。以"幼童学习走路"为例，幼童需要自主学习走路，没有人指导他应该如何完成"走路"，他需要通过不断地尝试和获取外界对他的反馈来学习走路。

在此例中，如图1.8所示，幼童即为agent，"走路"这个任务实际上包含以下几个阶段：站起来，保持平衡，迈出左腿，迈出右腿……幼童采取行动做出尝试，当他成功完成了某个子任务时（如站起来等），他就会获得一个巧克力（正反馈）；当他做出了错误的动作时，他会被轻轻拍打一下（负反馈）。幼童通过不断地尝试和调整，找出了一套最佳的策略，这套策略能使他获得最多的巧克力。显然，他学习到的这套策略能使他顺利完成"走路"这个任务。

3. 强化学习的特征

（1）没有监督者，只有一个反馈信号。

（2）反馈是延迟的，不是立即生成的。

（3）强化学习是序列学习，时间在强化学习中具有重要的意义。

（4）agent的行为会影响以后所有的决策。

1.3.2　强化学习算法简介

强化学习可以主要分为 Model-Free（无模型的）和 Model-Based（有模型的）两大类。Model-Free 算法又分成基于概率的和基于价值的。

1．Model-Free 和 Model-Based

如果 agent 不需要去理解或计算出环境模型，算法就是 Model-Free 的；相应地，如果需要计算出环境模型，那么算法就是 Model-Based 的。在实际应用中，研究者通常用如下方法进行判断：在 agent 执行它的动作之前，它是否能对下一步的状态和反馈做出预测？如果可以，那么就是 Model-Based 方法；如果不能，即为 Model-Free 方法。

两种方法各有优劣。Model-Based 方法中，agent 可以根据模型预测下一步的结果，并提前规划行动路径。但真实模型和学习到的模型是有误差的，这种误差会导致 agent 虽然在模型中表现很好，但是在真实环境中可能达不到预期结果。Model-Free 的算法看似随意，但这恰好更易于研究者们去实现和调整。

2．基于概率的算法和基于价值的算法

基于概率的算法是指直接输出下一步要采取的各种动作的概率，然后根据概率采取行动。每种动作都有可能被选中，只是可能性不同。基于概率的算法的代表算法为policy-gradient，而基于价值的算法输出的则是所有动作的价值，然后根据最高价值来选择动作。相比基于概率的方法，基于价值的决策部分更为死板——只选价值最高的，而基于概率的，即使某个动作的概率最高，但是还是不一定会选到它。基于价值的算法的代表算法为 Q-Learning。

1.3.3　强化学习的应用

1．交互性检索

交互性检索是在检索用户不能构建良好的检索式（关键词）的情况下，通过与检索平台交流互动并不断修改检索式，从而获得较准确的检索结果的过程。

当用户想要搜索一个竞选演讲（Wu & Lee，INTERSPEECH 16）时，他不能提供直接的关键词，其交互性检索过程如图 1.9 所示。在交互性检索中，机器作为 agent，在不断的尝试中（提供给用户可能的问题答案）接收来自用户的反馈（对答案的判断），最终找到符合要求的结果。

2．新闻推荐

新闻推荐如图 1.10 所示。一次完整的推荐过程包含以下过程：一个用户单击 App底部刷新或者下拉，后台获取到用户请求，并根据用户的标签召回候选新闻，推荐引擎则对候选新闻进行排序，最终给用户推出 10 条新闻。如此往复，直到用户关闭 App，停止

浏览新闻。将用户持续浏览新闻的推荐过程看成一个决策过程，就可以通过强化学习学习每一次推荐的最佳策略，从而使得用户从开始打开 App 到关闭 App 这段时间内的点击量最高。

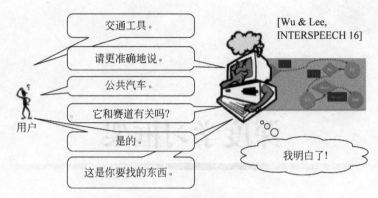

图 1.9　交互性检索过程示意

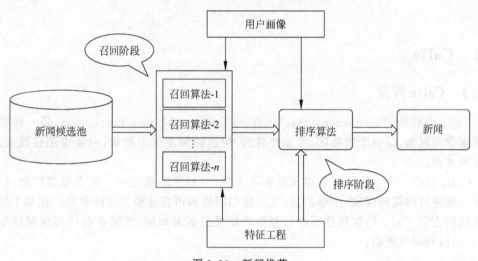

图 1.10　新闻推荐

在此例中，推荐引擎作为 agent，通过连续的行动即推送 10 篇新闻，获取来自用户的反馈，即单击。如果用户浏览了新闻，就为正反馈，否则为负反馈，从中学习出奖励最高（点击量最高）的策略。

第 2 章

深度学习框架

2.1 Caffe

2.1.1 Caffe 简介

Caffe 全称为 Convolutional Architecture for Fast Feature Embedding,是一种常用的深度学习框架,是一个清晰的、可读性高的、快速的深度学习框架,主要应用在视频、图像处理方面。

Caffe 是第一个主流的工业级深度学习工具,专精于图像处理。它有很多扩展,但是由于一些遗留的架构问题,不够灵活,且对递归网络和语言建模的支持很差。在基于层的网络结构方面,Caffe 的扩展性不好。若用户如果想要增加层,则需要自己实现网络层的前向、后向和梯度更新。

2.1.2 Caffe 的特点

Caffe 的基本工作流程是设计建立在神经网络中的一个简单假设,所有的计算都是以层的形式表示的,网络层所做的事情就是输入数据,然后输出计算结果。比如卷积就是输入一幅图像,然后和这一层的参数(filter)做卷积,最终输出卷积结果。每层需要两种函数计算,一种是 forward,从输入计算到输出;另一种是 backward,从上层给的 gradient 来计算相对于输入层的 gradient。这两个函数实现之后,就可以把许多层连接成一个网络,这个网络输入数据(图像、语音或其他原始数据),然后计算需要的输出(比如识别的标签)。在训练的时候,可以根据已有的标签计算 loss 和 gradient,然后用 gradient 来更新网络中的参数。

Caffe 是一个清晰而高效的深度学习框架,它基于纯粹的 C++/CUDA 架构,支持命令行、Python 和 MATLAB 接口,可以在 CPU 和 GPU 之间无缝切换。它的模型与优化都是通过配置文件来设置的,无需代码。Caffe 设计之初就做到了尽可能的模块化,允许对数据格式、网络层和损失函数进行扩展。Caffe 的模型定义是以任意有向无环图的形式，用 Protocol Buffer(协议缓冲区)语言写进配置文件的。Caffe 会根据网络需要正确占用内存，通过一个函数调用实现 CPU 和 GPU 之间的切换。Caffe 每个单一的模块都对应一个测试，使得测试的覆盖非常方便，同时提供 Python 和 MATLAB 接口，用这两种语言进行调用都是可行的。

2.1.3 Caffe 概述

Caffe 是一种对新手非常友好的深度学习框架模型，它的相应优化都是以文本形式而非代码形式给出。Caffe 中的网络都是有向无环图的集合，可以直接定义，如图 2.1 所示。

数据及其导数以 blobs 的形式在层间流动，Caffe 层的定义由两部分组成：层属性与层参数，如图 2.2 所示。

```
name: "dummy-net"
layers {name: "data" …}
layers {name: "conv" …}
layers {name: "pool" …}
layers {name: "loss" …}
```

图 2.1 Caffe 网络定义

```
name:"conv1"
type:CONVOLUTION
bottom: "data"
top:"conv1"
convolution_param{
    num_output:20
    kernel_size:5
    stride:1
    weight_filler{
        type: "xavier"
    }
}
```

图 2.2 Caffe 层定义

这段配置文件的前 4 行是层属性，定义了层名称、层类型以及层连接结构(输入 blob 和输出 blob)；而后半部分是各种层参数。blob 是用以存储数据的 4 维数组，例如对于数据：$Number \times Channel \times Height \times Width$；对于卷积权重：$Output \times Input \times Height \times Width$；对于卷积偏置：$Output \times 1 \times 1 \times 1$。

在 Caffe 模型中，网络参数的定义也非常方便，可以如图 2.3 所示中那样设置相应参数。感觉上更像是配置服务器参数而不像是代码。

```
# test_iter specifies how many forward passes the test should carry out.
# In the case of MNIST, we have test batch size 100 and 100 test iterations,
# covering the full 10,000 testing images.
test_iter: 100
# Carry out testing every 500 training iterations.
test_interval: 500
# The base learning rate, momentum and the weight decay of the network.
base_lr: 0.01
momentum: 0.9
weight_decay: 0.0005
# The learning rate policy
lr_policy: "inv"
gamma: 0.0001
power: 0.75
# Display every 100 iterations
display: 100
# The maximum number of iterations
max_iter: 10000
# snapshot intermediate results
snapshot: 5000
snapshot_prefix: "lenet"
# solver mode: CPU or GPU
solver mode: GPU
```

图 2.3 Caffe 参数配置

2.2 TensorFlow

2.2.1 TensorFlow 简介

TensorFlow 是一个采用数据流图（data flow graph）用于数值计算的开源软件库。节点（node）在图中表示数学操作，图中的线（edge）则表示在节点间相互联系的多维数据数组，即张量（tensor）。它灵活的架构让用户可以在多种平台上展开计算，例如，台式计算机中的一个或多个 CPU（或 GPU）、服务器、移动设备等。TensorFlow 最初由 Google 大脑小组（隶属于 Google 机器智能研究机构）的研究员和工程师开发出来，用于机器学习和深度神经网络方面的研究，但这个系统的通用性使其也可广泛用于其他计算领域。

2.2.2 数据流图

如图 2.4 所示，数据流图用"节点"（node）和"线"（edge）的有向图来描述数学计算。"节点"一般用来表示施加的数学操作，但也可以表示数据输入（feed in）的起点/输出（push out）的终点，或者是读取/写入持久变量（persistent variable）的终点。"线"表示"节点"之间的输入/输出关系。这些数据"线"可以运输"size 可动态调整"的多维数据数组，即"张量"（tensor）。张量从图中流过的直观图像是这个工具取名为 TensorFlow 的原因。一旦输入端的所有张量准备好，节点将被分配到各种计算设备完成异步并行的运算。

2.2.3 TensorFlow 的特点

TensorFlow 不是一个严格的"神经网络"库。只要用户可以将计算表示为一个数据流图，就可以使用 TensorFlow。用户负责构建图，描写驱动计算的内部循环。TensorFlow 提供有用的工具来帮助用户组装"子图"，当然用户也可以自己在 TensorFlow 基础上写自己的"上层库"。定义新复合操作与写一个 Python 函数一样容易。TensorFlow 的可扩展性相当强，如果用户找不到想要的底层数据操作，也可以自己写一些 C++代码来丰富底层的操作。

TensorFlow 在 CPU 和 GPU 上运行，比如可以运行在台式计算机、服务器、手机移动设备上等。TensorFlow 支持将训练模型自动在多个 CPU 上规模化运算，以及将模型迁移到移动端后台。

基于梯度的机器学习算法会受益于 TensorFlow 自动求微分的能力。作为 TensorFlow 用户，只需要定义预测模型的结构，将这个结构和目标函数（objective function）结合在一起，并添加数据，TensorFlow 将自动为用户计算相关的微分导数。计算某个变量相对于其他变量的导数仅仅是通过扩展用户的图来完成的，所以用户能一直清楚地看到究竟发生了什么。

TensorFlow 还有一个合理的 C++使用界面，也有一个易用的 Python 使用界面来构建和执行用户的图。用户可以直接写 Python/C++程序，也可以通过交互式的 IPython 界面使用 TensorFlow 尝试实现一些想法，它可以帮用户将笔记、代码、可视化内容等有条理地归置好。

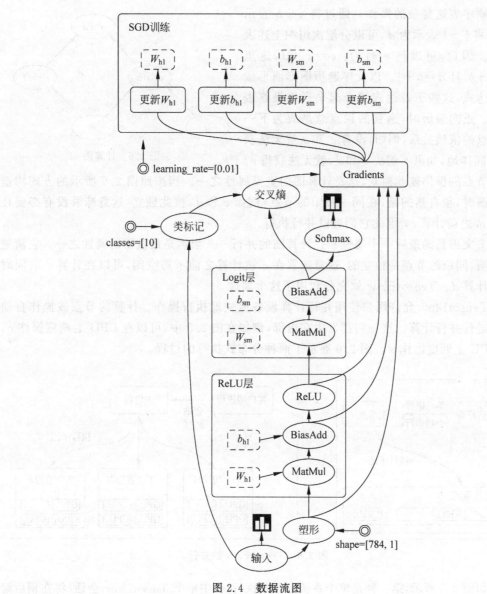

图 2.4　数据流图

2.2.4　TensorFlow 概述

TensorFlow 中的 Flow,也就是流,是其完成运算的基本方式。流是指一个计算图或简单的一个图,图不能形成环路,图中的每个节点代表一个操作,如加法、减法等。每个操作都会导致新的张量形成。

图 2.5 展示了一个简单的计算图,所对应的表达式为:$e=(a+b)(b+1)$。计算图具有以下属性:叶子节点或起始节点始终是张量。换言之,操作永远不会发生在图的开头,由此可以推断,图中的每个操作都应该接收一个张量并产生一个新的张量。同样,张量不能作为非叶子节点出现,这意味着它们应始终作为输入提供给操作/节点。计算图总是以

层次顺序表达复杂的操作。通过将 $a+b$ 表示为 c，将 $b+1$ 表示为 d，可以分层次组织上述表达式。因此，可以将 e 写为：$e=c\times d$，这里 $c=a+b$ 且 $d=b+1$。以反序遍历图形而形成子表达式，这些子表达式组合起来形成最终表达式。正向遍历时，遇到的顶点总是成为下一个顶点的依赖关系，例如，没有 a 和 b 就无法获得 c，同样地，如果不解决 c 和 d，就无法获得 e。

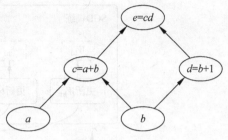

图 2.5　计算图

同级节点的操作彼此独立，这是计算图的重要属性之一。当按照图 2.5 所示的方式构造一个图时，很自然的是，在同一级中的节点，例如 c 和 d，彼此独立，这意味着没有必要在计算 d 之前计算 c，因此它们可以并行执行。

　　上文提到的最后一个属性——计算图的并行——当然是最重要的属性之一。它清楚地表明，同级的节点是独立的，这意味着在 c 被计算之前不需空闲，可以在计算 c 的同时并行计算 d。TensorFlow 就充分利用了这个属性。

　　TensorFlow 允许用户使用并行计算设备更快地执行操作。计算的节点或操作自动调度进行并行计算。这一切都发生在内部，例如在图 2.5 中，可以在 CPU 上调度操作 c，在 GPU 上调度操作 d。图 2.6 展示了两种分布式执行的过程。

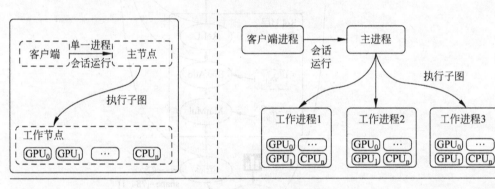

图 2.6　TensorFlow 的并行

　　如图 2.6 所示，第一种是单个系统分布式执行，其中单个 TensorFlow 会话（将在稍后解释）创建单个 worker，并且该 worker 负责在各设备上调度任务。在第二种系统下有多个 worker，它们可以在同一台机器上或不同的机器上，每个 worker 都在自己的上下文中运行。在图 2.6 中，worker 进程 1 运行在独立的机器上，并调度所有可用设备进行计算。

　　计算子图是主图的一部分，其本身就是计算图。例如，在图 2.5 中可以获得许多子图，其中之一如图 2.7 所示。

　　图 2.7 是主图的一部分，从属性 2 可以说子图总是表示一个子表达式，因为 c 是 e 的子表达式。子图也满足最后一个属性。同一级别的子图也相互独立，可以并行

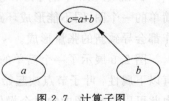

图 2.7　计算子图

执行。因此可以在一台设备上调度整个子图。

图 2.8 解释了子图的并行执行。这里有两个矩阵乘法运算,因为它们都处于同一级别,彼此独立,这符合最后一个属性。由于独立性的缘故,节点安排在不同的设备 gpu_0 和 gpu_1 上。

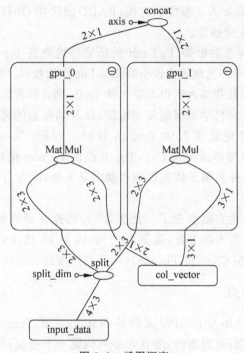

图 2.8 子图调度

TensorFlow 将其所有操作分配到由 worker 管理的不同设备上。更常见的是,在 worker 之间交换张量形式的数据,例如,在 $e = (c) \times (d)$ 的图表中,一旦计算出 c,就需要将其进一步传递给 e,因此 Tensor 在节点间前向流动。该流动如图 2.9 所示。

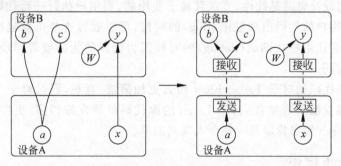

图 2.9 worker 间的信息传递

通过以上的介绍,希望读者可以对 TensorFlow 的一些基本特点和运行方式有一个大致的了解。

2.3　PyTorch

2.3.1　PyTorch 简介

2017 年 1 月，Facebook 人工智能研究院（FAIR）团队在 GitHub 上开源了 PyTorch，并迅速占领 GitHub 热度榜榜首。

作为具有先进设计理念的框架，PyTorch 的历史可追溯到 Torch。Torch 于 2002 年诞生于纽约大学，它使用了一种受众面比较小的语言 Lua 作为接口。Lua 具有简洁、高效的特点，但由于其过于小众，导致很多人听说若要掌握 Torch 则必须新学一门语言而望而却步。

考虑到 Python 在计算科学领域的领先地位，以及其生态的完整性和接口的易用性，几乎任何框架都不可避免地要提供 Python 接口。因此，Torch 的幕后团队推出了 PyTorch。PyTorch 不是简单地封装 Lua，Torch 提供 Python 接口，而是对 Tensor 之上的所有模块进行了重构，并新增了较先进的自动求导系统，成为当下最流行的动态图框架之一。

PyTorch 一经推出，就立刻引起了广泛关注，并迅速在研究领域流行起来。自发布起，PyTorch 的关注度就在不断上升，截至 2017 年 10 月 18 日，PyTorch 的热度已然超越了其他三个框架（Caffe、MXNet 和 Theano），并且其热度还在持续上升中。

2.3.2　PyTorch 的特点

PyTorch 可以看作是加入了 GPU 支持的 Numpy。而 TensorFlow 与 Caffe 都是命令式的编程语言，而且它们是静态的，即首先必须构建一个神经网络，然后一次又一次使用同样的结构；如果想要改变网络的结构，就必须从头开始。但是 PyTorch 通过一种反向自动求导的技术，可以让用户零延迟地任意改变神经网络的行为，尽管这项技术不是 PyTorch 所独有，但到目前为止它的实现是最快的，这也是 PyTorch 对比 TensorFlow 最大的优势。

PyTorch 的设计思路是线性、直观且易于使用的，当用户执行一行代码时，它会忠实地执行，所以当用户的代码出现缺陷（bug）的时候，可以通过这些信息轻松、快捷地找到出错的代码，不会让用户在调试（debug）的时候因为错误的指向或者异步和不透明的引擎浪费太多的时间。

PyTorch 的代码相对于 TensorFlow 而言更加简洁、直观，同时对于 TensorFlow 高度工业化的很难看懂的底层代码，PyTorch 的源代码就要友好得多，更容易看懂。深入 API，理解 PyTorch 底层肯定是一件令人高兴的事。

2.3.3　PyTorch 概述

由于在后文中还会详细介绍 PyTorch 的特点，在此处就不详细介绍了。PyTorch 最大的优势是建立的神经网络是动态的，且可以非常容易地输出每一步的调试结果，相比于其他框架来说，调试起来十分方便。

如图 2.10 和图 2.11 所示，PyTorch 的图是随着代码的运行逐步建立起来的，也就是说，使用者并不需要在一开始就定义好全部的网络结构，而是可以随着编码的进行一点儿一点儿地调试，相比于 TensorFlow 和 Caffe 的静态图而言，这种设计显得更加贴近一般人的编码习惯。

A graph is created on the fly

```
from torch.autograd import Variable

x = Variable(torch.randn(1, 10))
prev_h = Variable(torch.randn(1, 20))
W_h = Variable(torch.randn(20, 20))
W_x = Variable(torch.randn(20, 10))
```

图 2.10　动态图 1

Back-propagation
uses the dynamically built graph

```
from torch.autograd import Variable

x = Variable(torch.randn(1, 10))
prev_h = Variable(torch.randn(1, 20))
W_h = Variable(torch.randn(20, 20))
W_x = Variable(torch.randn(20, 10))

i2h = torch.mm(W_x, x.t())
h2h = torch.mm(W_h, prev_h.t())
next_h = i2h + h2h
next_h = next_h.tanh()

next_h.backward(torch.ones(1, 20))
```

图 2.11　动态图 2

PyTorch 的代码如图 2.12 所示，相比于 TensorFlow 和 Caffe 而言，其可读性非常高，网络各层的定义与传播方法一目了然，甚至不需要过多的文档与注释，单凭代码就可以很容易地理解其功能，也就成为许多初学者的首选。

```
import torch.nn as nn
import torch.nn.functional as F

class LeNet(nn.Module):
    def __init__(self):
        super(LeNet, self).__init__()
        self.conv1 = nn.Conv2d(3, 6, 5)
        self.conv2 = nn.Conv2d(6, 16, 5)
        self.fc1 = nn.Linear(16 * 5 * 5, 120)
        self.fc2 = nn.Linear(120, 84)
        self.fc3 = nn.Linear(84, 10)

    def forward(self, x):
        x = F.max_pool2d(F.relu(self.conv1(x)), 2)
        x = F.max_pool2d(F.relu(self.conv2(x)), 2)
        x = x.view(-1, 16 * 5 * 5)
        x = F.relu(self.fc1(x))
        x = F.relu(self.fc2(x))
        x = self.fc3(x)
        return x
```

图 2.12　PyTorch 代码示例

2.4　三者的比较

2.4.1　Caffe

Caffe 的优点是简洁快速,缺点是缺少灵活性。Caffe 灵活性的缺失主要是因为它的设计缺陷。在 Caffe 中最主要的抽象对象是层,每实现一个新的层,必须要利用 C++实现它的前向传播和反向传播代码,而如果想要新层运行在 GPU 上,还需要同时利用 CUDA 实现这一层的前向传播和反向传播。这种限制使得不熟悉 C++和 CUDA 的用户在扩展 Caffe 时变得十分困难。

Caffe 凭借其易用性、简洁明了的源码、出众的性能和快速的原型设计获取了众多用户,曾经占据深度学习领域的半壁江山。但是在深度学习新时代到来之时,Caffe 已经表现出明显的力不从心,诸多问题逐渐显现,包括灵活性缺失、扩展难、依赖众多环境难以配置、应用局限等。尽管现在在 GitHub 上还能找到许多基于 Caffe 的项目,但是新的项目已经越来越少。

Caffe 的作者从加州大学伯克利分校毕业后加入了 Google,参与过 TensorFlow 的开发,后来离开 Google 加入 FAIR,担任工程主管,并开发了 Caffe 2。Caffe 2 是一个兼具表现力、速度和模块性的开源深度学习框架。它沿袭了大量的 Caffe 设计,可解决多年来在 Caffe 的使用和部署中发现的瓶颈问题。Caffe 2 的设计追求轻量级,在保有扩展性和高性能的同时,Caffe 2 也强调了便携性。Caffe 2 从一开始就以性能、扩展、移动端部署作为主要设计目标。Caffe 2 的核心 C++库能提供速度和便携性,而其 Python 和 C++ API 使用户可以轻松地在 Linux、Windows、iOS、Android,甚至 Raspberry Pi 和 NVIDIA Tegra 上进行原型设计、训练和部署。

Caffe 2 继承了 Caffe 的优点,在速度上令人印象深刻。Facebook 人工智能实验室与应用机器学习团队合作,利用 Caffe 2 大幅加速机器视觉任务的模型训练过程,仅需 1h 就训练完 ImageNet 这样超大规模的数据集。然而时至今日,Caffe 2 仍然是一个不太成熟的框架,官网至今没提供完整的文档,安装也比较麻烦,编译过程时常出现异常,在 GitIIub 上也很少能找到相应的代码。

极盛的时候,Caffe 占据了计算机视觉研究领域的半壁江山,虽然如今 Caffe 已经很少用于学术界,但是仍有不少计算机视觉相关的论文使用 Caffe。由于其稳定、出众的性能,不少公司还在使用 Caffe 部署模型。Caffe 2 尽管做了许多改进,但是还远没有达到替代 Caffe 的地步。

2.4.2　TensorFlow

TensorFlow 在很大程度上可以看作 Theano 的后继者,不仅因为它们有很大一批共同的开发者,而且它们还拥有相近的设计理念,都是基于计算图实现自动微分系统。TensorFlow 使用数据流图进行数值计算,图中的节点代表数学运算,而图中的边则代表在这些节点之间传递的多维数组(张量)。

TensorFlow 编程接口支持 Python 和 C++。随着 1.0 版本的公布,Java、Go、R 和

Haskell API 的 alpha 版本也被支持。此外，TensorFlow 还可在 Google Cloud 和 AWS 中运行。TensorFlow 还支持 Windows 7、Windows 10 和 Windows Server 2016。由于 TensorFlow 使用 C++Eigen 库，所以库可在 ARM 架构上编译和优化。这也就意味着用户可以在各种服务器和移动设备上部署自己的训练模型，无须执行单独的模型解码器或者加载 Python 解释器。

作为当前最流行的深度学习框架，TensorFlow 获得了极大的成功，对它的批评也不绝于耳。总结起来主要有以下 4 点。

（1）过于复杂的系统设计。TensorFlow 在 GitHub 代码仓库的总代码量超过 100 万行。这么大的代码仓库，对于项目维护者来说，维护便成为一个难以完成的任务，而对读者来说，学习 TensorFlow 底层运行机制更是一个极其痛苦的过程，并且大多数时候这种尝试以放弃告终。

（2）频繁变动的接口。TensorFlow 的接口一直处于快速迭代之中，并且没有很好地考虑向后兼容性，这导致现在许多开源代码已经无法在新版的 TensorFlow 上运行，同时也间接导致了许多基于 TensorFlow 的第三方框架出现缺陷（Bug）。

（3）由于接口设计过于晦涩难懂，所以在设计 TensorFlow 时，创造了图、会话、命名空间、PlaceHolder 等诸多抽象概念，对普通用户来说难以理解。同一个功能，TensorFlow 提供了多种实现，这些实现良莠不齐，使用中还有细微的区别，很容易误导用户。

（4）TensorFlow 作为一个复杂的系统，文档和教程众多，但缺乏明显的条理和层次，虽然查找很方便，但用户却很难找到一个真正循序渐进的入门教程。

由于直接使用 TensorFlow 的生产力过于低下，包括 Google 官方等众多开发者都在尝试基于 TensorFlow 构建一个更易用的接口，包括 Keras、Sonnet、TFLearn、TensorLayer、Slim、Fold、PrettyLayer 等数不胜数的第三方框架每隔几个月就会在新闻中出现一次，但不久又大多归于沉寂，至今 TensorFlow 仍没有一个统一易用的接口。

凭借 Google 强大的推广能力，TensorFlow 已经成为当今最炙手可热的深度学习框架，但是由于自身的缺陷，TensorFlow 离最初的设计目标还很遥远。另外，由于 Google 对 TensorFlow 略显严格的把控，目前各大公司都在开发自己的深度学习框架。

2.4.3 PyTorch

PyTorch 是当前难得的简洁、优雅且高效快速的框架。PyTorch 的设计追求最少的封装，尽量避免重复造轮子。不像 TensorFlow 中充斥着 session、graph、operation、name_scope、variable、tensor 等全新的概念，PyTorch 的设计遵循 tensor→variable(autograd)→nn. Module 三个由低到高的抽象层次，分别代表高维数组（张量）、自动求导（变量）和神经网络（层/模块），而且这三个抽象层次之间联系紧密，可以同时进行修改和操作。

简洁的设计带来的另外一个好处就是代码易于理解。PyTorch 的源码只有 TensorFlow 的 1/10 左右，更少的抽象性、更直观的设计使得 PyTorch 的源码十分易于阅读。

PyTorch 的灵活性不以速度为代价，在许多评测中，PyTorch 的速度表现胜过

TensorFlow 和 Keras 等框架。框架的运行速度和程序员的编程水平有极大关系，但如果采用同样的算法，使用 PyTorch 比使用其他框架实现得更快。

同时 PyTorch 是所有框架中面向对象设计得最优雅的一个。PyTorch 的面向对象的接口设计来源于 Torch，而 Torch 的接口设计以灵活易用而著称，Keras 作者最初就是受 Torch 的启发才开发了 Keras。PyTorch 继承了 Torch 的衣钵，尤其是 API 的设计和模块的接口都与 Torch 高度一致。PyTorch 的设计最符合人们的思维，它让用户尽可能地专注于实现自己的想法，即所思即所得，不需要考虑太多关于框架本身的束缚。

PyTorch 提供了完整的文档，循序渐进的指南，作者亲自维护论坛供用户交流和请教问题。Facebook 人工智能研究院对 PyTorch 提供了强有力的支持，作为当今排名前三的深度学习研究机构，FAIR 的支持足以确保 PyTorch 获得持续的开发更新。

在 PyTorch 推出不到一年的时间内，各类深度学习问题都有利用 PyTorch 实现的解决方案在 GitHub 上开源。同时也有许多新发表的论文采用 PyTorch 作为论文实现的工具，PyTorch 正在受到越来越多人的追捧。如果说 TensorFlow 的设计是"Make It Complicated"，Keras 的设计是"Make It Complicated and Hide It"，那么 PyTorch 的设计则真正做到了"Keep It Simple，Stupid"。

但是同样地，由于推出时间较短，在 GitHub 上并没有如 Caffe 或 TensorFlow 那样多的代码实现，使用 TensorFlow 能找到很多别人的代码，而对于 PyTorch 的使用者，可能需要自己完成很多的代码实现。

第 **3** 章

机器学习基础知识

3.1 模型评估与模型参数选择

如何评估一些训练好的模型并从中选择最优的模型参数？对于给定的输入 x，若某个模型的输出 $\hat{y} = f(x)$ 偏离真实目标值 y，则说明模型存在**误差**；$\hat{y}$ 偏离 y 的程度可以用关于 $\hat{y}$ 和 y 的某个函数 $L(y, \hat{y})$ 来表示，作为误差的度量标准：这样的函数 $L(y, \hat{y})$ 称为损失函数。

在某种损失函数度量下，训练集上的平均误差称为**训练误差**，测试集上的误差称为**泛化误差**。由于训练得到一个模型最终的目的是为了在未知的数据上得到尽可能准确的结果，因此泛化误差是衡量一个模型泛化能力的重要标准。

之所以不能把训练误差作为模型参数选择的标准，是因为训练集可能存在以下问题。

（1）训练集样本太少，缺乏代表性。

（2）训练集中本身存在错误的样本，即噪声。

如果片面地追求训练误差的最小化，就会导致模型参数复杂度增加，使得模型**过拟合**（overfitting），如图 3.1 所示。

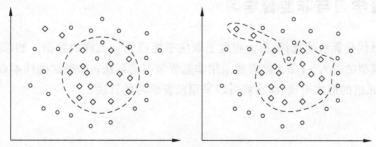

图 3.1 拟合与过拟合

为了选择效果最佳的模型，防止出现过拟合的问题，通常可以采取的方法有使用验证集调参和对损失函数进行正则化两种方法。

3.1.1 验证

模型不能过拟合于训练集，否则将不能在测试集上得到最优结果；但是否能直接以测试集上的表现来选择模型参数呢？答案是否定的。因为这样的模型参数将会是针对某个特定测试集的，那么得出来的评价标准将会失去其公平性，失去了与其他同类或不同类模型相比较的意义。

这就好比要证明某一个学生学习某门课程的能力比别人强（模型算法的有效性），那么就要让他和其他学生听一样的课、做一样的练习（相同的训练集），然后以这些学生没做过的题目来考核他们（测试集与训练集不能交叉）；但是如果直接在测试集上调参，就相当于让这个学生针对考试题目来复习，这样与其他学生的比较显然是不公平的。

因此参数的选择（即**调参**）必须在一个独立于训练集和测试集的数据集上进行，这样的用于模型调参的数据集被称为**开发集**或**验证集**。

然而很多时候能得到的数据量非常有限。这个时候可以不显式地使用验证集，而是重复使用训练集和测试集，这种方法称为**交叉验证**。常用的交叉验证方法有以下两种。

（1）简单交叉验证，即在训练集上使用不同超参数训练，使用测试集选出最佳的一组超参数设置。

（2）K-重交叉验证（K-fold cross validation），即将数据集划分成 K 等份，每次使用其中一份作为测试集，剩余的为训练集；如此进行 K 次之后，选择最佳的模型。

3.1.2 正则化

为了避免过拟合，需要选择参数复杂度最小的模型。这是因为，如果有两个效果相同的模型，而它们的参数复杂度不相同，那么冗余的复杂度一定是由于过拟合导致的。为了选择复杂度较小的模型，一种策略是在优化目标中加入**正则化项**，以惩罚冗余的复杂度：

$$\min_{\theta} L(y, \hat{y}; \theta) + \lambda \cdot J(\theta)$$

其中，θ 为模型参数；$L(y, \hat{y}; \theta)$ 为原来的损失函数；$J(\theta)$ 是正则化项；λ 用于调整正则化项的权重。正则化项通常为 θ 的某阶向量范数。

3.2 监督学习与非监督学习

模型与最优化算法的选择，很大程度上取决于能得到什么样的数据。如果数据集中样本点只包含模型的输入 x，那么就需要采用非监督学习的算法；如果这些样本点以 $\langle x, y \rangle$ 的输入-输出二元组的形式出现，那么就可以采用监督学习的算法。

3.2.1 监督学习

在监督学习中,根据训练集$\{\langle \boldsymbol{x}^{(i)}, \boldsymbol{y}^{(i)} \rangle\}_{i=1}^{N}$中的观测样本点来优化模型$f(\cdot)$,使得给定测试样例$\boldsymbol{x}'$作为模型输入,其输出$\hat{y}$尽可能接近正确输出$y'$。

监督学习算法主要适用于两大类问题:回归和分类。这两类问题的区别在于:回归问题的输出是连续值,而分类问题的输出是离散值。

1. 回归

回归问题在生活中非常常见,其最简单的形式是一个连续函数的拟合。如果一个购物网站想要计算出其在某个时期的预期收益,研究人员会将相关因素如广告投放量、网站流量、优惠力度等纳入自变量,根据现有数据拟合函数,得到在未来某一时刻的预测值。

回归问题中通常使用均方损失函数来作为度量模型效果的指标,最简单的求解例子是最小二乘法。

2. 分类

分类问题也是生活中非常常见的一类问题,例如,需要从金融市场的交易记录中分类出正常的交易记录以及潜在的恶意交易。

度量分类问题的指标通常为**准确率**(accuracy):对于测试集中的D个样本,有k个被正确分类,$D-k$个被错误分类,则准确率为

$$\text{accuracy} = \frac{k}{D}$$

然而在一些特殊的分类问题中,属于各类的样本并不是均一分布,甚至其出现概率相差很多个数量级,这种分类问题称为**不平衡类问题**。在不平衡类问题中,准确率并没有多大意义。例如,检测一批产品是否为次品时,若次品出现的概率为1%,那么即使某个模型完全不能识别次品,只要每次都"蒙"这件产品不是次品,仍然能够达到99%的准确率。显然我们需要一些别的指标。

通常在不平衡类问题中,使用**F-度量**来作为评价模型的指标。以二元不平衡分类问题为例,这种分类问题往往是异常检测,模型的好坏往往取决于能否很好地检出异常,同时尽可能不误报异常。如果定义占样本少数的类为**正类**(positive class),占样本多数的类为**负类**(negative class),那么预测只可能出现以下4种状况。

(1) 将正类样本预测为正类(true positive, TP)。

(2) 将负类样本预测为正类(false positive, FP)。

(3) 将正类样本预测为负类(false negative, FN)。

(4) 将负类样本预测为负类(true negative, TN)。

定义**召回率**(recall):

$$R = \frac{|\text{TP}|}{|\text{TP}| + |\text{FN}|}$$

召回率度量了在所有的正类样本中,模型正确检出的比率,因此也称为**查全率**。

定义**精确率**（precision）：

$$P = \frac{|\ \text{TP}\ |}{|\ \text{TP}\ |+|\ \text{FP}\ |}$$

精确率度量了在所有被模型预测为正类的样本中，正确预测的比率，因此也称为**查准率**。

F-度量则是在召回率与精确率之间去调和平均数；有时候在实际问题上，若更加看重其中某一个度量，还可以给它加上一个权值 α，称为 F_α-度量：

$$F_\alpha = \frac{(1+\alpha^2)RP}{R+\alpha^2 P}$$

特殊地，当 $\alpha=1$ 时：

$$F_1 = \frac{2RP}{R+P}$$

可以看到，如果模型"不够警觉"，没有检测出一些正类样本，那么召回率就会受损；而如果模型倾向于"滥杀无辜"，那么精确率就会下降。因此较高的 F-度量意味着模型倾向于"不冤枉一个好人，也不放过一个坏人"，是一个较为适合不平衡类问题的指标。

可用于分类问题的模型很多，例如，Logistic 回归分类器、决策树、支持向量机、感知器、神经网络，等等。

3.2.2　非监督学习

在非监督学习中，数据集 $\{\boldsymbol{x}^{(i)}\}_{i=1}^{N}$ 中只有模型的输入，而并不提供正确的输出 $\boldsymbol{y}^{(i)}$ 作为监督信号。

非监督学习通常用于这样的分类问题：给定一些样本的特征值，而不给出它们正确的分类，也不给出所有可能的类别；而是通过学习确定这些样本可以分为哪些类别、它们各自都属于哪一类。这一类问题称为**聚类**。

非监督学习得到的模型的效果应该使用何种指标来衡量呢？由于通常没有正确的输出 $\boldsymbol{y}$，可采取一些其他办法来度量其模型效果。

（1）直观检测，这是一种非量化的方法。例如，对文本的主体进行聚类，可以在直观上判断属于同一个类的文本是否具有某个共同的主题，这样的分类是否有明显的语义上的共同点。由于这种评价非常主观，通常不采用。

（2）基于任务的评价。如果聚类得到的模型被用于某个特定的任务，可以维持该任务中其他的设定不变，而使用不同的聚类模型，通过某种指标度量该任务的最终结果来间接判断聚类模型的优劣。

（3）人工标注测试集。有时候采用非监督学习的原因是人工标注成本过高，导致标注数据缺乏，只能使用无标注数据来训练。在这种情况下，可以人工标注少量的数据作为测试集，用于建立量化的评价指标。

第4章

TensorFlow深度学习基础

在介绍 TensorFlow 之前,读者需要先了解 Numpy。Numpy 是一种用于科学计算的框架,它提供了一个 N 维矩阵对象 ndarray,初始化、计算 ndarray 的函数,以及变换 ndarray 形状和组合拆分 ndarray 的函数。

TensorFlow 的 Tensor 与 Numpy 的 ndarray 十分类似,但是 Tensor 具备两个而 ndarray 不具备、对于深度学习来说非常重要的功能:一是 Tensor 能用 GPU 计算。GPU 根据芯片性能的不同,在进行矩阵运算时,能比 CPU 快几十倍;二是 Tensor 在计算时能够作为节点自动加入计算图中,而计算图可以为其中的每个节点自动计算微分。下面,我们首先介绍 Tensor 对象及其运算。后文给出的代码都依赖于以下两个模块。

```
1 import tensorflow as tf
2 import numpy as np
```

4.1　Tensor 对象及其运算

Tensor 对象是一个维度任意的矩阵,但 Tensor 中所有元素的数据类型必须一致。TensorFlow 包含的数据类型与普通编程语言的数据类型类似,包含浮点型、有符号整型和无符号整型,这些类型既可以定义在 CPU 上,也可以定义在 GPU 上。在使用 Tensor 数据类型时,可通过 dtype 属性指定数据类型,通过 device 指定设备(CPU 或者 GPU)。Tensor 分为常量和变量,区别在于变量可以在计算图中重新被赋值。

```
1 # tf.Tensor
2 print('tf.Tensor 默认为:{}'.format(tf.constant(1).dtype))
```

```
 3
 4 # 可以用 list 构建
 5 a = tf.constant([[1, 2], [3, 4]], dtype = tf.float64)
 6 # 可以用 ndarray 构建
 7 b = tf.constant(np.array([[1, 2], [3, 4]]), dtype = tf.uint8)
 8 print(a)
 9 print(b)
10
11 # 通过 device 指定设备
12 with tf.device('/gpu:0'):
13     c = tf.ones((2, 2))
14     print(c, c.device)
>>> tf.Tensor 默认为:< dtype: 'int32'>
>>> tf.Tensor(
   [[1. 2.]
    [3. 4.]], shape = (2, 2), dtype = float64)
>>> tf.Tensor(
   [[1 2]
    [3 4]], shape = (2, 2), dtype = uint8)
>>> tf.Tensor(
   [[1. 1.]
    [1. 1.]], shape = (2, 2), dtype = float32) /job:localhost/replica:0/task:0/device:GPU:0
```

通过 device 指定在 GPU 上定义变量后，可在终端通过 nvidia-smi 命令查看显存占用。

对 Tensor 执行算术运算符的运算时，是两个矩阵对应元素的运算。tf.matmul()函数执行矩阵乘法计算的代码如下：

```
1 a = tf.constant([[1, 2], [3, 4]])
2 b = tf.constant([[1, 2], [3, 4]])
3 c = a * b
4 print("逐元素相乘:", c)
5 c = tf.matmul(a, b)
6 print("矩阵乘法:", c)
>>> 逐元素相乘: tf.Tensor(
   [[ 1  4]
    [ 9 16]], shape = (2, 2), dtype = int32)
>>> 矩阵乘法: tf.Tensor(
   [[ 7 10]
    [15 22]], shape = (2, 2), dtype = int32)
```

此外，还有一些具有特定功能的函数，如 tf.clip_by_value()函数起的是分段函数的作用，可用于去掉矩阵中过小或者过大的元素；tf.round()函数可以将小数部分化整；tf.tanh()函数用来计算双曲正切函数，该函数可以将数值映射到(0,1)。其代码如下：

```
1 a = tf.constant([[1, 2], [3, 4]])
2 tf.clip_by_value(a, clip_value_min = 2, clip_value_max = 3)
```

```
3 a = tf.constant([ − 2.1, 0.5, 0.501, 0.99])
4 tf.round(a)
5 a = tf.constant([ − 3, − 2, − 1, − 0.5, 0, 0.5, 1, 2, 3])
6 tf.tanh(a)
>>> tf.Tensor([[2 2]
    [3 3]], shape = (2, 2), dtype = int32)
>>> tf.Tensor([ − 2. 0. 1. 1.], shape = (4,), dtype = float32)
>>> tf.Tensor(
    [ − 0.9950547   − 0.9640276   − 0.7615942
      − 0.46211717  0.            0.46211717
        0.7615942   0.9640276    0.9950547 ], shape = (9,),
dtype = float32)
```

除了直接从 ndarray 或 list 类型的数据中创建 Tensor 外，TensorFlow 还提供了一些函数可直接创建数据(这类函数往往需要提供矩阵的维度)。tf.range()函数与 Python 内置的 range()函数的使用方法基本相同，其第 3 个参数是步长。tf.linspace()函数第 3 个参数指定返回的个数，tf.ones()函数返回全 1 矩阵、tf.zeros()函数返回全 0 矩阵。其代码如下:

```
1 print(tf.range(5))
2 print(tf.range(1, 5, 2))
3 print(tf.linspace(0, 5, 10))
4 print(tf.ones((3, 3)))
5 print(tf.zeros((3, 3)))
>>> tf.Tensor([0 1 2 3 4], shape = (5,), dtype = int32)
>>> tf.Tensor([1 3], shape = (2,), dtype = int32)
>>> tf.Tensor(
    [0.          0.55555556 1.11111111 1.66666667 2.22222222 2.77777778
     3.33333333 3.88888889 4.44444444 5.          ], shape = (10,), dtype = float64)
>>> tf.Tensor(
    [[1. 1. 1.]
     [1. 1. 1.]
     [1. 1. 1.]], shape = (3, 3), dtype = float32)
>>> tf.Tensor(
    [[0. 0. 0.]
     [0. 0. 0.]
     [0. 0. 0.]], shape = (3, 3), dtype = float32)
```

tf.random.uniform()函数返回[0,1]均匀分布采样的元素所组成的矩阵，tf.random.normal()函数返回从正态分布采样的元素所组成的矩阵。tf.random.uniform()函数还可以加参数，返回指定区间均匀分布采样的随机整数所生成的矩阵。其代码如下:

```
1 tf.random.uniform((3, 3))
>>> < tf.Tensor: shape = (3, 3), dtype = float32, numpy =
    array([[0.41092885, 0.76087844, 0.75520504],
           [0.57500243, 0.7695035 , 0.11660695],
           [0.9336704 , 0.44821036, 0.8459077 ]], dtype = float32)>
1 tf.random.normal((3, 3))
>>> < tf.Tensor: shape = (3, 3), dtype = float32, numpy =
    array([[ 0.40765482, 0.63089305, − 0.04709337],
```

```
             [ − 0.46935162, − 0.18415603, 0.18200386],
             [ 0.17893875, − 1.2706778 , 0.69634026]], dtype = float32)>
1 tf. random. uniform((3, 3), 0, 9, dtype = tf. int32)
>>> < tf. Tensor: shape = (3, 3), dtype = int32, numpy =
    array([[5, 1, 7],
           [2, 2, 2],
           [1, 6, 3]])>
```

4.2　Tensor 的索引和切片

Tensor 不仅支持基本的索引和切片操作，还支持 ndarray 中的高级索引（整数索引和布尔索引）操作。其代码如下：

```
1 a = tf.reshape(tf.range(9), (3, 3))
2 ♯ 基本索引
3 print(a[2, 2])
4
5 ♯ 切片
6 print(a[1:, : − 1])
7
8 ♯ 带步长的切片
9 print(a[::2])
10
11 ♯ 布尔索引
12 index = a > 4
13 print(index)
14 print(a[index])
>>> < tf. Tensor: shape = (), dtype = int32, numpy = 8 >
>>> < tf. Tensor: shape = (2, 2), dtype = int32, numpy =
    array([[3, 4],
           [6, 7]])>
>>> < tf. Tensor: shape = (2, 3), dtype = int32, numpy =
    array([[0, 1, 2],
           [6, 7, 8]])>
>>> tf. Tensor(
    [[False False False]
     [False False True]
     [ True True True]], shape = (3, 3), dtype = bool)
>>> tf. Tensor([5 6 7 8], shape = (4, ), dtype = int32)
```

tf. where(condition，x，y)判断 condition 的条件是否满足，当某个元素满足时，就返回对应矩阵 x 相同位置的元素，否则返回矩阵 y 的元素。其代码如下：

```
1 x = tf. random. normal((3, 2))
2 y = tf. ones((3, 2))
```

```
3 print(x)
4 print(tf.where(x > 0, x, y))
>>> tf.Tensor(
    [[ - 0.28848228   - 0.80543387]
     [ 0.31449378     1.434097 ]
     [ - 1.1104414     0.69934136]], shape = (3, 2), dtype = float32)
>>> tf.Tensor(
    [[1.            1.           ]
     [0.31449378  1.434097   ]
     [1.            0.69934136]], shape = (3, 2), dtype = float32)
```

4.3　Tensor 的变换、拼接和拆分

TensorFlow 提供了大量对 Tensor 进行操作的函数,这些函数内部使用指针实现对矩阵的形状变换、拼接和拆分等操作,使得大家无须关心 Tensor 在内存的物理结构或者管理指针就可以方便快速地执行这些操作。

属性 Tensor.shape()函数和 Tensor.get_shape()函数可以查看 Tensor 的维度,tf.size()函数可以查看矩阵的元素个数。Tensor.reshape()函数可以用于修改 Tensor 的维度。其代码如下:

```
1 a = tf.random.normal((1, 2, 3, 4, 5))
2 print("元素个数:", tf.size(a))
3 print("矩阵维度:", a.shape, a.get_shape())
4 b = tf.reshape(a, (2 * 3, 4 * 5))
5 print(b.shape)
>>> 元素个数: tf.Tensor(120, shape = (), dtype = int32)
>>> 矩阵维度: (1, 2, 3, 4, 5) (1, 2, 3, 4, 5)
>>> (6, 20)
```

tf.squeeze()函数和 tf.unsqueeze()函数用于给 Tensor 去掉和添加轴。tf.squeeze()函数可以去掉维度为 1 的轴,而 tf.unsqueeze()函数用于给 Tensor 的指定位置添加一个维度为 1 的轴。其代码如下:

```
1 b = tf.squeeze(a)
2 b.shape
>>> TensorShape([2, 3, 4, 5])
1 tf.expand_dims(a, 0).shape
>>> TensorShape([1, 1, 2, 3, 4, 5])
```

tf.transpose()函数用于 Tensor 的转置,perm 参数用来指定转置的维度。

```
1 a = tf.constant([[2]])
2 b = tf.constant([[2, 3]])
3 print(tf.transpose(a, [1, 0]))
4 print(tf.transpose(b, [1, 0]))
>>> tf.Tensor([[2]], shape = (1, 1), dtype = int32)
```

```
>>> tf.Tensor(
    [[2]
     [3]], shape = (2, 1), dtype = int32)
```

　　TesnsorFlow 提供的 tf.concat()函数和 tf.stack()函数用于拼接矩阵,区别在于: tf.concat()函数在已有的轴 axis 上拼接矩阵,给定轴的维度可以不同,而其他轴的维度必须相同。tf.stack()函数在新的轴上拼接,同时它要求被拼接矩阵的所有维度都相同。下面的代码可以很清楚地表明它们的使用方式和区别。

```
1 a = tf.random.normal((2, 3))
2 b = tf.random.normal((3, 3))
3
4 c = tf.concat((a, b), axis = 0)
5 d = tf.concat((b, b, b), axis = 1)
6
7 print(c.shape)
8 print(d.shape)
>>> (5, 3)
>>> (3, 9)
1 c = tf.stack((b, b), axis = 1)
2 d = tf.stack((b, b), axis = 0)
3 print(c.shape)
4 print(d.shape)
>>> (3, 2, 3)
>>> (2, 3, 3)
```

　　除了拼接矩阵外,TensorFlow 还提供了 tf.split()函数并将其用于拆分矩阵。其代码如下:

```
1 a = tf.random.normal((10,3))
2 for x in tf.split(a, [1,2,3,4],axis = 0):
3     print(x.shape)
4
5 for x in tf.split(a, 2, axis = 0):
6     print(x.shape)
>>> (1, 3)
    (2, 3)
    (3, 3)
    (4, 3)
>>> (5, 3)
    (5, 3)
```

4.4　TensorFlow 的 Reduction 操作

　　Reduction 运算的特点是它往往对一个 Tensor 内的元素做归约操作,如 tf.reduce_max()函数找极大值,tf.reduce_sum()函数计算累加。另外它还提供了 axis 参数来指定沿矩阵的哪个维度执行操作。其代码如下：

```
 1 a = tf.constant([[1, 2], [3, 4]])
 2 print("全局最大值:", tf.reduce_max(a))
 3 print("沿着横轴计算每一列的累加:")
 4 print(tf.reduce_sum(a, axis = 0))
 5 print("沿着横轴计算每一列的累乘:")
 6 print(tf.reduce_prod(a, axis = 1))
 7
 8 a = tf.random.uniform((6,), 0, 3, dtype = tf.int32)
 9 print("向量中出现的元素:")
10 print(tf.unique(a).y)
>>> 全局最大值: tf.Tensor(4, shape = (), dtype = int32)
>>> 沿着横轴计算每一列的累加:
>>> tf.Tensor([4 6], shape = (2,), dtype = int32)
>>> 沿着横轴计算每一列的累乘
>>> tf.Tensor([ 2 12], shape = (2,), dtype = int32)
>>> 向量中出现的元素:
>>> tf.Tensor([1 2 0], shape = (3,), dtype = int32)
```

4.5　三种计算图

在 TensorFlow 中，计算图主要用于描述计算过程，就像一个描述程序执行过程的流程图。目前的 TensorFlow 支持静态图、动态图和 Autograph 三种计算图。其中，静态图是 TensorFlow 最开始支持的，其优点是便于内部优化，执行效率高，缺点是不方便调试。在 TensorFlow 2.0 之后开始支持动态计算图，也就是 Eager 模式。它让写 TensorFlow 代码和写普通 Python 代码一样，控制流、日志等常用操作都可以正常使用，调试也会方便很多。而为了获取静态图的优点，TensorFlow 还提供了 Autograph 的方式，利用 @tf.function 装饰器将普通 Python 函数转换成对应的 TensorFlow 计算图构建代码。

4.6　TensorFlow 的自动微分

自动微分是模型训练的关键技术之一。为了实现自动微分，TensorFlow 需要记住在向前传递的过程中以什么顺序发生什么操作。然后，在向后传递的过程中，TensorFlow 以相反的顺序遍历这个操作列表以计算梯度。TensorFlow 使用 tf.GradientTape API 来支持自动微分：tf.GradientTape()函数上下文中执行的所有操作都记录在一个磁带（"tape"）上，然后 TensorFlow 基于这个磁带，用反向微分法来计算导数。其代码如下：

```
1 import tensorflow as tf
2
3 # f(x) = x * x + ax 的导数
4 x = tf.Variable(3.0, name = 'x')
5 a = tf.constant(1.0)
```

```
6 with tf.GradientTape() as tape:
7     y = tf.pow(x, 2) + a * x
8 # 2x + 1 = 7
9 print(tape.gradient(y, x))
>>> tf.Tensor(7.0, shape = (), dtype = float32)
```

相对于使用标量，我们实际使用中更多会用到 Tensor。

```
1 w = tf.Variable(tf.random.normal((2, 3)), name = 'w')
2 b = tf.Variable(tf.zeros(3, dtype = tf.float32), name = 'b')
3 x = [[1., 2.]]
4
5 with tf.GradientTape(persistent = True) as tape:
6     y = x @ w + b
7     loss = tf.reduce_mean(y ** 2)
8
9 print(w)
10 print(tape.gradient(loss, [w, b]))
>>> < tf.Variable 'w:0' shape = (2, 3) dtype = float32, numpy =
array([[ - 1.4370528 , - 1.0212281 , 0.30532417],
       [ - 0.32372856, 1.1928264 , 2.1814234 ]], dtype = float32)>
>>> [< tf.Tensor: shape = (2, 3), dtype = float32, numpy =
array([[ - 1.3896732, 0.9096165, 3.112114 ],
       [ - 2.7793465, 1.819233 , 6.224228 ]], dtype = float32)>, < tf.Tensor: shape = (3,),
dtype = float32, numpy = array([ - 1.3896732, 0.9096165, 3.112114 ], dtype = float32)>]
```

第 **5** 章

回 归 模 型

回归是指这样一类问题：通过统计分析一组随机变量 $x_1, x_2, \cdots, x_n$ 与另一组随机变量 $y_1, y_2, \cdots, y_n$ 之间的关系，得到一个可靠的模型，使得对于给定的 $\boldsymbol{x} = \{x_1, x_2, \cdots, x_n\}$，可以利用这个模型对 $\boldsymbol{y} = \{y_1, y_2, \cdots, y_n\}$ 进行预测。在这里，随机变量 $x_1, x_2, \cdots, x_n$ 被称为自变量，随机变量 $y_1, y_2, \cdots, y_n$ 被称为因变量。例如，在预测房价时，研究员们会选取可能对房价有影响的因素，例如房屋面积、房屋楼层、房屋地点等作为自变量加入预测模型。研究的任务即建立一个有效的模型，能够准确表示出上述因素与房价之间的关系。

不失一般性，在本章讨论回归问题的时候，总是假设因变量只有一个。这是因为假设各因变量之间是相互独立的，因而多个因变量的问题可以分解成多个回归问题加以解决。在实际求解中，只需要使用比本章推导公式中的参数张量更高一阶的参数张量即可以很容易推广到多因变量的情况。

形式化地，在回归中有一些数据样本 $\{\langle \boldsymbol{x}^{(n)}, y^{(n)} \rangle\}_{n=1}^{N}$，通过对这些样本进行统计分析，获得一个预测模型 $f(\cdot)$，使得对于测试数据 $\boldsymbol{x} = \{x_1, x_2, \cdots, x_n\}$ 可以得到一个较好的预测值：

$$y = f(\boldsymbol{x})$$

回归问题在形式上与分类问题十分相似，但是在分类问题中预测值 y 是一个离散变量，它代表着通过特征 $\boldsymbol{x}$ 所预测出来的类别；而在回归问题中，y 是一个连续变量。

在本章中，先介绍线性回归模型，然后推广到广义的线性模型，并以 Logistic 回归为例分析广义线性回归模型。

5.1　线性回归

线性回归模型是指 $f(\cdot)$ 采用线性组合形式的回归模型，在线性回归问题中，因变量和自变量之间是存在线性关系的。对于第 i 个因变量 x_i，乘以权重系数 w_i，取 y 为因变量的线性组合：

$$y = f(\boldsymbol{x}) = w_1 x_1 + \cdots + w_n x_n + b$$

其中，b 为常数项。若令 $\boldsymbol{w} = (w_1, w_2, \cdots, w_n)$，则上式可以写成向量形式：

$$y = f(\boldsymbol{x}) = \boldsymbol{w}^{\mathrm{T}} \boldsymbol{x} + b$$

可以看到 $\boldsymbol{w}$ 和 b 决定了回归模型 $f(\cdot)$ 的行为。由数据样本得到 $\boldsymbol{w}$ 和 b 有许多方法，例如最小二乘法、梯度下降法。这里介绍最小二乘法求解线性回归中参数估计的问题。

直觉上，我们希望找到这样的 $\boldsymbol{w}$ 和 b，使得对于训练数据中每个样本点 $\langle \boldsymbol{x}^{(n)}, y^{(n)} \rangle$，预测值 $f(\boldsymbol{x}^{(n)})$ 与真实值 $y^{(n)}$ 尽可能地接近。于是需要定义一种"接近"程度的度量，即误差函数。这里采用平均平方误差（mean square error）作为误差函数。

$$E = \sum_n \left[y^{(n)} - (\boldsymbol{w}^{\mathrm{T}} \boldsymbol{x}^{(n)} + b) \right]^2$$

为什么要选择这样一个误差函数呢？这是因为做出了这样的假设：若给定 $\boldsymbol{x}$，则 y 的分布服从如下高斯分布（如图 5.1 所示）：

$$p(y \mid \boldsymbol{x}) \sim N(\boldsymbol{w}^{\mathrm{T}} \boldsymbol{x} + b, \sigma^2)$$

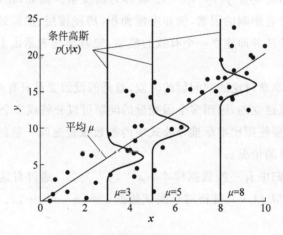

图 5.1　条件概率服从高斯分布

直观上，这意味着在自变量 $\boldsymbol{x}$ 取某个确定值的时候，数据样本点以回归模型预测的因变量 y 为中心、以 σ^2 为方差呈高斯分布。

基于高斯分布的假设，得到条件概率 $p(y \mid \boldsymbol{x})$ 的对数似然函数：

$$\boldsymbol{L}(\boldsymbol{w}, b) = \log \left(\prod_n \exp \left(-\frac{1}{2\sigma^2} (y^{(n)} - \boldsymbol{w}^{\mathrm{T}} \boldsymbol{x}^{(n)} - b)^2 \right) \right)$$

即

$$L(w,b) = -\frac{1}{2\sigma^2}\sum_n (y^{(n)} - w^{\mathrm{T}}x^{(n)} - b)^2$$

做极大似然估计：

$$w,b = \underset{w,b}{\arg\max} \, L(w,b)$$

由于对数似然函数中 σ 为常数，极大似然估计可以转换为

$$w,b = \underset{w,b}{\arg\min} \sum_n (y^{(n)} - w^{\mathrm{T}}x^{(n)} - b)^2$$

这就是选择平方平均误差函数作为误差函数的概率解释。

我们的目标就是要最小化这样一个误差函数 E，具体做法可以令 E 对于参数 w 和 b 的偏导数为 0。由于我们的问题变成了最小化平均平方误差，因此，在这种通过解析方法直接求解参数的做法被称为最小二乘法。

为了方便矩阵运算，将 E 表示成向量形式。令

$$Y = \begin{bmatrix} y^{(1)} \\ y^{(2)} \\ \vdots \\ y^{(n)} \end{bmatrix}$$

$$X = \begin{bmatrix} x^{(1)} \\ x^{(2)} \\ \vdots \\ x^{(n)} \end{bmatrix} = \begin{bmatrix} x_1^{(1)} & \cdots & x_m^{(1)} \\ x_1^{(2)} & \cdots & x_m^{(2)} \\ & \vdots & \\ x_1^{(n)} & \cdots & x_m^{(n)} \end{bmatrix}$$

$$b = \begin{bmatrix} b_1 \\ b_2 \\ \vdots \\ b_n \end{bmatrix}, \quad b_1 = b_2 = \cdots = b_n$$

则 E 可表示为

$$E = (Y - Xw^{\mathrm{T}} - b)^{\mathrm{T}}(Y - Xw^{\mathrm{T}} - b)$$

由于 b 的表示较为烦琐，不妨更改一下 w 的表示，将 b 视为常数 1 的权重，令：

$$w = (w_1, w_2, \cdots, w_n, b)$$

相应地，对 X 做如下更改：

$$X = \begin{bmatrix} x^{(1)};1 \\ x^{(2)};1 \\ \vdots \\ x^{(n)};1 \end{bmatrix} = \begin{bmatrix} x_1^{(1)} & \cdots & x_m^{(1)} & 1 \\ x_1^{(2)} & \cdots & x_m^{(2)} & 1 \\ & \vdots & & \\ x_1^{(n)} & \cdots & x_m^{(n)} & 1 \end{bmatrix}$$

则 E 可表示为

$$E = (Y - Xw^{\mathrm{T}})^{\mathrm{T}}(Y - Xw^{\mathrm{T}})$$

对误差函数 E 求参数 w 的偏导数，得到：

$$\frac{\partial E}{\partial w} = 2X^{\mathrm{T}}(Xw^{\mathrm{T}} - Y)$$

令偏导为 0，得到：

$$w = (X^T X)^{-1} X^T Y$$

因此对于测试向量 x，根据线性回归模型预测的结果为

$$y = x((X^T X)^{-1} X^T Y)^T$$

5.2 Logistic 回归

在 5.1 节中，假设随机变量 $x_1, x_2, \cdots, x_n$ 与 y 之间的关系是线性的。但在实际中，通常会遇到非线性关系。这个时候，可以使用一个非线性变换 $g(\cdot)$，使得线性回归模型 $f(\cdot)$ 实际上对 $g(y)$ 而非 y 进行拟合，即

$$y = g^{-1}(f(x))$$

其中，$f(\cdot)$ 仍为

$$f(x) = w^T x + b$$

因此这样的回归模型被称为广义线性回归模型。

广义线性回归模型使用得非常广泛。例如，在二元分类任务中，目标是拟合一个分离超平面 $f(x) = w^T x + b$，使得目标分类 y 可表示为以下阶跃函数：

$$y = \begin{cases} 0, & f(x) < 0 \\ 1, & f(x) > 0 \end{cases}$$

但是在分类问题中，由于 y 取离散值，这个阶跃判别函数是不可导的。不可导的性质使得许多数学方法不能使用。我们考虑使用函数 $\sigma(\cdot)$ 来近似这个离散的阶跃函数，通常可以使用 logistic() 函数或 tanh() 函数。

这里就 logistic() 函数（如图 5.2 所示）的情况进行讨论。令

$$\sigma(x) = \frac{1}{1 + \exp(-x)}$$

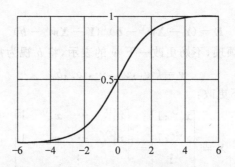

图 5.2 logistic() 函数

使用 logistic() 函数替代阶跃函数：

$$\sigma(f(x)) = \frac{1}{1 + \exp(-w^T x - b)}$$

并定义条件概率：

$$p(y=1 \mid \boldsymbol{x}) = \sigma(f(\boldsymbol{x}))$$
$$p(y=0 \mid \boldsymbol{x}) = 1 - \sigma(f(\boldsymbol{x}))$$

这样就可以把离散取值的分类问题近似地表示为连续取值的回归问题；这样的回归模型被称为 Logistic 回归模型。

在 logistic() 函数中，$g^{-1}(x) = \sigma(x)$，若将 $g(\cdot)$ 还原为 $g(y) = \log \dfrac{y}{1-y}$ 的形式并移到等式一侧，得到：

$$\log \frac{p(y=1 \mid \boldsymbol{x})}{p(y=0 \mid \boldsymbol{x})} = \boldsymbol{w}^{\mathrm{T}} \boldsymbol{x} + b$$

为了求得 Logistic 回归模型中的参数 w 和 b，下面对条件概率 $p(y \mid x; w, b)$ 做极大似然估计。

$p(y \mid x; w, b)$ 的对数似然函数为

$$\boldsymbol{L}(\boldsymbol{w}, b) = \log \Big(\prod_n \big[\sigma(f(\boldsymbol{x}^{(n)})) \big]^{y^{(n)}} \big[1 - \sigma(f(\boldsymbol{x}^{(n)})) \big]^{1 - y^{(n)}} \Big)$$

即

$$\boldsymbol{L}(\boldsymbol{w}, b) = \sum_n \big[y^{(n)} \log(\sigma(f(\boldsymbol{x}^{(n)}))) + (1 - y^{(n)}) \log(1 - \sigma(f(\boldsymbol{x}^{(n)}))) \big]$$

这就是常用的交叉熵误差函数的二元形式。

似然函数 $\boldsymbol{L}(\boldsymbol{w}, b)$ 的最大化问题直接求解比较困难，可以采用数值方法。常用的方法有牛顿迭代法、梯度下降法等。

5.3 用 TensorFlow 实现 Logistic 回归

5.3.1 数据准备

Logistic 回归常用于解决二分类问题，为了便于描述，我们分别从两个多元高斯分布 N1(μ1, Σ1)、N2(μ2, Σ2) 中生成数据 X1 和 X2，它们分别表示两个类别，分别设置标签为 y1 和 y2。

TensorFlow 的 tfp.distributions() 函数提供了 MultivariateNormalFullCovariance 构建多元高斯分布。下面第 6～10 行代码设置了两组不同的均值向量和协方差矩阵，μ1 和 μ2 是二维均值向量，Σ1 和 Σ2 是 2×2 维的协方差矩阵。第 13 和 14 行代码前面定义的均值向量和协方差矩阵作为参数传入 MultivariateNormalFullCovariance，实例化两个二元高斯分布 m1 和 m2。第 15 和 16 行代码调用 m1 和 m2 的 sample() 方法分别生成 100 个样本。

第 19～21 行代码设置样本对应的标签 y，分别用 0 和 1 表示不同高斯分布的数据，即正样本和负样本。第 21 行代码将 numpy 数组转成 TensorFlow 需要的 tensor，第 24～27 行代码打乱样本和标签顺序，将数据重新随机排列是十分重要的步骤，否则算法的每次迭代只会学习到同一个类别的信息，容易造成模型过拟合。具体代码如下：

```
1 import tensorflow as tf
2 import tensorflow_probability as tfp
3 from matplotlib import pyplot as plt
```

```
 4 import numpy as np
 5
 6 mul1 = - 3 * tf.ones(2)
 7 mul2 = 3 * tf.ones(2)
 8
 9 sigma1 = tf.eye(2) * 0.5
10 sigma2 = tf.eye(2) * 2
11
12 # 各从两个多元高斯分布中生成 100 个样本
13 m1 = tfp.distributions.MultivariateNormalFullCovariance(mul1, sigma1)
14 m2 = tfp.distributions.MultivariateNormalFullCovariance(mul2, sigma2)
15 x1 = m1.sample((100, ))
16 x2 = m2.sample((100, ))
17
18 # 设置正负样本的标签
19 y = np.zeros((200, 1))
20 y[100:] = 1
21 y = tf.convert_to_tensor(y)
22
23 # 组合、打乱样本
24 idx = tf.random.shuffle(tf.range(start = 0, limit = tf.shape(x1)[0], dtype = tf.int32))
25 x1 = tf.gather(x1, idx)
26 x2 = tf.gather(x2, idx)
27 y = tf.gather(y, idx)
28
29 # 绘制样本
30 plt.scatter(x1.numpy()[:, 0], x1.numpy()[:, 1])
31 plt.scatter(x2.numpy()[:, 0], x2.numpy()[:, 1])
32 plt.show()
```

上述示例中，第 30～32 行代码将生成的样本用 plt.show 绘制出来，绘制的结果如图 5.3 所示，可以很明显地看出多元高斯分布生成的样本聚成了两个簇，且簇的中心分布

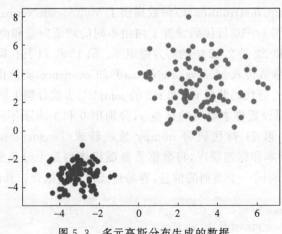

图 5.3　多元高斯分布生成的数据

处于不同的位置(多元高斯分布的均值向量决定了其位置),右上角簇的样本分布相对稀疏,左下角簇的样本分布相对紧凑(多元高斯分布的协方差矩阵决定了分布形状)。读者可自行调整代码的第6~7行的参数,观察其变化。

5.3.2 模型搭建与训练

接下来,我们可以使用 TensorFlow 的 Keras API 来快速实现一个 Logistic 回归。其代码如下:

```
1 model = tf.keras.Sequential()
2 model.add(tf.keras.layers.Dense(1, activation = 'sigmoid'))
3 model.compile(optimizer = 'adam',
4                loss = 'binary_crossentropy',
5                metrics = ['acc'])
6 model.fit(x, y, epochs = 100)
```

从代码中可以看到,这个模型主要包括线性函数、激活函数、损失函数和优化器。激活函数使用的是 sigmoid,在创建 Dense 层的时候作为参数。损失函数使用的是 binary_crossentropy,优化器使用的是 adam,使用 Model 的 compile()函数来指定。最后我们可以使用 fit()函数来进行训练。

第 **6** 章

神经网络基础

人工智能的研究者为了模拟人类的认知（cognition），提出了不同的模型。人工神经网络（artificial neural network，ANN）是人工智能中非常重要的一个学派——连接主义（connectionism），最为广泛使用的模型。

在传统上，基于规则的符号主义（symbolism）学派认为，人类的认知是基于信息中的模式；而这些模式可以被表示成为符号，并可以通过操作这些符号，显式地使用逻辑规则进行计算与推理。但是要用数理逻辑模拟人类的认知能力却是一件困难的事情，因为人类大脑是一个非常复杂的系统，拥有着大规模并行式、分布式的表示与计算能力、学习能力、抽象能力和适应能力。

而基于统计的连接主义的模型则从脑神经科学中获得启发，试图将认知所需的功能属性结合到模型中来，通过模拟生物神经网络的信息处理方式来构建具有认知功能的模型。类似于生物神经元与神经网络，这类模型具有以下 3 个特点。

（1）拥有处理信号的基础单元。

（2）处理单元之间以并行方式连接。

（3）处理单元之间的连接是有权重的。

这一类模型被称为人工神经网络，多层感知器是最为简单的一种。

6.1 基础概念

神经元：神经元（如图 6.1 所示）是基本的信息操作和处理单位。它接收一组输入，将这组输入加权求和后，由激活函数来计算该神经元的输出。

图 6.1 神经元

输入：一个神经元可以接收一组张量作为输入 $\boldsymbol{x}=\{x_1,x_2,\cdots,x_n\}^{\mathrm{T}}$。

连接权值：连接权值向量为一组张量 $\boldsymbol{W}=\{w_1,w_2,\cdots,w_n\}$，其中，$w_i$ 对应输入 x_i 的连接权值；神经元将输入进行加权求和：

$$\mathrm{sum}=\sum_i w_i x_i$$

写成向量形式：

$$\mathrm{sum}=\boldsymbol{W}\boldsymbol{x}$$

偏置：有时候加权求和时会加上偏置项 b，其中，b 的形状要与 $\boldsymbol{W}\boldsymbol{x}$ 的形状保持一致。

$$\mathrm{sum}=\boldsymbol{W}\boldsymbol{x}+b$$

激活函数：激活函数 $f(\cdot)$ 被施加到输入加权和 sum 上，产生神经元的输出；这里，若 sum 为大于 1 阶的张量，则 $f(\cdot)$ 被施加到 sum 的每一个元素上。

$$o=f(\mathrm{sum})$$

常用的激活函数有以下 4 个。

（1）softmax() 函数如图 6.2 所示，适用于多元分类问题，作用是将分别代表 n 个类的 n 个标量归一化，得到 n 个类的概率分布。

$$\mathrm{softmax}(x_i)=\frac{\exp(x_i)}{\sum_j \exp(x_j)}$$

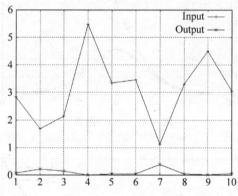

图 6.2　softmax() 函数

（2）sigmoid() 函数如图 6.3 所示，通常为 logistic() 函数。适用于二元分类问题，是 softmax() 函数的二元版本。

$$\sigma(x)=\frac{1}{1+\exp(-x)}$$

（3）tanh() 函数如图 6.4 所示，为 logistic() 函数的变体。

$$\tanh(x)=\frac{2\sigma(x)-1}{2\sigma^2(x)-2\sigma(x)+1}$$

（4）ReLU() 函数如图 6.5 所示，即修正线性单元(rectified linear unit)。根据公式，ReLU() 函数具备引导适度稀疏的能力，因为随机初始化的网络只有一半处于激活状态；并且不会像 Sigmoid 那样出现梯度消失(vanishing gradient)的问题。

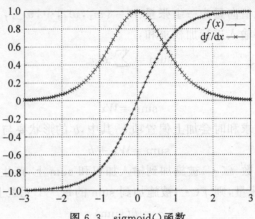

图 6.3　sigmoid()函数

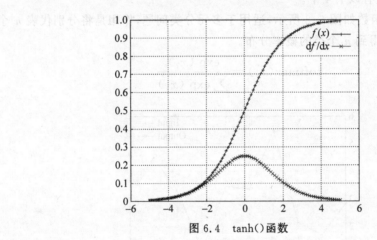

图 6.4　tanh()函数

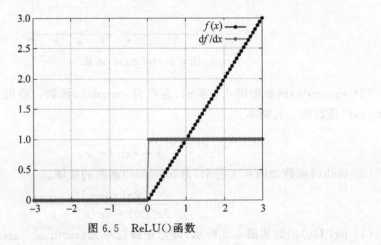

图 6.5　ReLU()函数

$$\text{ReLU}(x) = \max(0, x)$$

输出：激活函数的输出 o 即为神经元的输出。一个神经元可以有多个输出 $o_1, o_2, \cdots,$ o_m 对应于不同的激活函数 $f_1, f_2, \cdots, f_m$。

神经网络：神经网络是一个有向图，以神经元为顶点，神经元的输入为顶点的入边，神经元的输出为顶点的出边。因此神经网络实际上是一个计算图（computational graph），直观地展示了一系列对数据进行计算操作的过程。

神经网络是一个端到端（end-to-end）的系统，这个系统接收一定形式的数据作为输入，经过系统内的一系列计算操作后，给出一定形式的数据作为输出；由于神经网络内部进行的各种操作与中间计算结果的意义通常难以进行直观的解释，系统内的运算可以被视为一个黑箱子，这与人类的认知在一定程度上具有相似性：人类总是可以接收外界的信息（视、听），并向外界输出一些信息（言、行），而医学界对信息输入大脑后是如何进行处理的则知之甚少。

通常地，为了直观起见，人们对神经网络中的各节点进行了层次划分，如图 6.6 所示。

输入层：接收来自网络外部的数据的节点，组成输入层。

输出层：向网络外部输出数据的节点，组成输出层。

隐藏层：除了输入层和输出层以外的其他层，均为隐藏层。

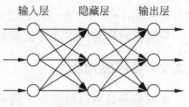

图 6.6　神经网络

训练：神经网络被预定义的部分是计算操作（computational operation），而要使得输入数据通过这些操作之后得到预期的输出，就需要根据一些实际的例子，对神经网络内部的参数进行调整与修正；这个调整与修正内部参数的过程称为训练，训练中使用的实际的例子称为**训练样例**。

监督训练：在监督训练中，训练样本包含神经网络的输入与预期输出；在监督训练中，对于一个训练样本 $\langle X, Y \rangle$，将 X 输入神经网络，得到输出 Y'；通过一定的标准计算 Y' 与 Y 之间的**训练误差**（training error），并将这种误差反馈给神经网络，以便神经网络调整连接权重及偏置。

非监督训练：在非监督训练中，训练样本仅包含神经网络的输入。

6.2　感知器

感知器（也称为感知机）的概念由 Rosenblatt Frank 在 1957 年提出，是一种监督训练的二元分类器。

6.2.1　单层感知器

单层感知器即只包含一个神经元的神经网络。这个神经元有两个输入 x_1, x_2，权值为 w_1, w_2。其激活函数为符号函数：

$$f(x) = \text{sgn}(x) = \begin{cases} -1, & x < 0 \\ 1, & x \geqslant 0 \end{cases}$$

根据**感知器训练算法**，在训练过程中，若实际输出的激活状态 o 与预期输出的激活状态 y 不一致，则权值按以下方式更新：

$$w' \leftarrow w + a \cdot (y - o) \cdot x$$

其中，w' 为更新后的权值，w 为原权值，y 为预期输出，x 为输入；α 为**学习率**，学习率可以为固定值，也可以在训练中适应地调整。

例如，设定学习率 $\alpha = 0.01$，把权值初始化为 $w_1 = -0.2$，$w_2 = 0.3$，若有训练样例 $x_1 = 5$，$x_2 = 2$；$y = 1$，则实际输出与期望输出不一致。

$$o = \text{sgn}(-0.2 \times 5 + 0.3 \times 2) = -1$$

因此对权值进行调整：

$$w_1 = -0.2 + 0.01 \times 2 \times 5 = -0.1$$
$$w_2 = 0.3 + 0.01 \times 2 \times 2 = 0.34$$

直观上来说，权值更新向着损失减小的方向进行，即网络的实际输出 o 越来越接近预期的输出 y。在这个例子中可以看到，经过以上一次权值更新之后，这个样例输入的实际输出 $o = \text{sgn}(-0.1 \times 5 + 0.34 \times 2) = 1$，已经与正确的输出一致。

只需要对所有的训练样例重复以上的步骤，直到所有样本都得到正确的输出即可。

6.2.2　多层感知器

单层感知器可以拟合一个超平面 $y = ax_1 + bx_2$，适合于线性可分的问题，而对于线性不可分的问题则无能为力。考虑异或函数作为激活函数的情况：

$$f(x_1, x_2) = \begin{cases} 0, & x_1 = x_2 \\ 1, & x_1 \neq x_2 \end{cases}$$

异或函数需要两个超平面才能进行划分。由于单层感知器无法克服线性不可分的问题，人们后来又引入了多层感知器（Multi-Layer Perceptron，MLP），如图 6.7 所示，实现了异或运算。

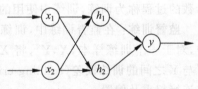

图 6.7　多层感知器

多层感知器的隐藏层神经元 h_1 和 h_2 相当于两个感知器，分别构造两个超平面中的一个。

6.3　BP 神经网络

在多层感知器被引入的同时，也引入了一个新的问题：由于隐藏层的预期输出并没有在训练样例中给出，隐藏层节点的误差无法像单层感知器那样直接计算得到。为了解决这个问题，**后向传播**（Back Propagation，BP）算法被引入，其核心思想是将误差由输出层向前层后向传播，利用后一层的误差来估计前一层的误差。后向传播算法由 Henry J. Kelley 在 1960 年和 Arthur E. Bryson 在 1961 年分别提出。使用后向传播算法训练的网络称为 BP 神经网络。

6.3.1 梯度下降

为了使得误差可以后向传播,梯度下降(gradient descent)的算法被采用,其思想是在权值空间中朝着误差下降最快的方向搜索,找到局部的最小值,如图 6.8 所示。

$$w \leftarrow w + \Delta w$$

$$\Delta w = -\alpha \nabla \text{Loss}(w) = -\alpha \frac{\partial \text{Loss}}{\partial w}$$

其中,w 为权值,α 为学习率,$\text{Loss}(\cdot)$ 为**损失函数**(loss function)。损失函数的作用是计算实际输出与期望输出之间的误差。

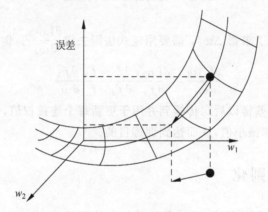

图 6.8 梯度下降

常用的损失函数有以下两个。

(1) 平均平方误差(mean squared error,MSE):其实际输出为 o_i,预期输出为 y_i。

$$\text{Loss}(o, y) = \frac{1}{n} \sum_{i=1}^{n} |o_i - y_i|^2$$

(2) 交叉熵(cross entropy,CE):

$$\text{Loss}(x_i) = -\log\left(\frac{\exp(x_i)}{\sum_j \exp(x_j)}\right)$$

由于求偏导需要激活函数是连续的,而符号函数不满足连续的要求,因此通常使用连续可微的函数,如 sigmoid() 函数作为激活函数。特别地,sigmoid() 函数具有良好的求导性质:

$$\sigma' = \sigma(1 - \sigma)$$

使得计算编导时较为方便,因此被广泛应用。

6.3.2 后向传播

使得误差后向传播的关键在于利用求偏导的链式法则。我们知道,神经网络是直观地展示一系列计算操作的,每个节点可以用一个 $f_i(\cdot)$ 函数来表示。

图 6.9 所示的神经网络则可表达为一个以 $w_1, w_2, \cdots, w_6$ 为参量,$i_1, i_2, \cdots, i_4$ 为变

量的函数：

$$o = f_3(w_6 \cdot f_2(w_5 \cdot f_1(w_1 \cdot i_1 + w_2 \cdot i_2) + w_3 \cdot i_3) + w_4 \cdot i_4)$$

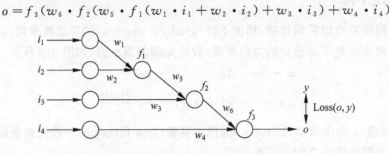

图 6.9　链式法则与后向传播

在梯度下降中，为了求得 Δw_k，需要用链式法则去求 $\dfrac{\partial \text{Loss}}{\partial w_k}$。例如，求 $\dfrac{\partial \text{Loss}}{\partial w_1}$：

$$\frac{\partial \text{Loss}}{\partial w_1} = \frac{\partial \text{Loss}}{\partial f_3} \frac{\partial f_3}{\partial f_2} \frac{\partial f_2}{\partial f_1} \frac{\partial f_1}{\partial w_1}$$

通过这种方式，误差得以后向传播到并用于更新每个连接权值，使得神经网络在整体上逼近损失函数的局部最小值，从而达到训练目的。

6.4　Dropout 正则化

Dropout 是一种正则化技术，通过防止特征的协同适应（Co-Adaptations），可用于减少神经网络中的过拟合。Dropout 的效果非常好，实现简单且不会降低网络速度，因此被广泛使用。

特征的协同适应是指在训练模型时，共同训练的神经元为了相互弥补错误而相互关联的现象（在神经网络中这种现象会变得尤其复杂）。协同适应会转而导致模型的过度拟合，因为协同适应的现象不会泛化未曾见过的数据。Dropout 从解决特征间的协同适应入手，有效地控制了神经网络的过拟合。

Dropout 在每次训练中会按照一定概率 p 随机地抑制一些神经元的更新，相应地按照概率 $1-p$ 保留一些神经元的更新。当神经元被抑制时，它的前向结果被置为 0，而不管相应的权重和输入数据的数值大小。被抑制的神经元在后向传播中也不会更新相应权重，即被抑制的神经元在前向和后向中都不起任何作用。通过随机地抑制一部分神经元，可以有效防止特征的相互适应。

Dropout 的实现方法非常简单，如下代码的第 3 行代码生成了一个随机数矩阵 activations，表示神经网络中隐藏层的激活值；第 4 和 5 行代码构建了一个参数 probs=0.5 伯努利分布，并从中采样一个由伯努利变量组成的掩码矩阵 mask（伯努利变量是只有 0 和 1 两种取值可能性的离散变量）；第 6 行代码将 mask 和 activations 逐元素相乘，mask 中数值为 0 的变量会将相应的激活值置为 0，从而这一激活值无论它本来的数值多大都不会参与到当前网络中更深层的计算中，而 mask 中数值为 1 的变量则会保留相应的激活值。

```
1 from tensorflow.compat.v1.distributions import Bernoulli
2
3 activations = tf.random.normal(shape = (5,5))
4 m = Bernoulli(probs = 0.5)
5 mask = m.sample(activations.shape)
6 activations * = tf.cast(mask, dtype = tf.float32)
7 print(activations)
>>> tf.Tensor(
    [[  0.01685647    1.4630967    0.            0.           -0.         ]
     [  0.           -1.3829951    0.6119404   -0.           -0.         ]
     [ -0.            0.           0.81533676  -0.            1.2053      ]
     [  0.            0.9094484    1.0838014   -0.2537671    -0.99869287]
     [ -0.           -0.           0.78611755  -0.           -0.         ]],
shape = (5, 5), dtype = float32)
```

因为 Dropout 对神经元的抑制是按照 p 的概率随机发生的，所以使用 Dropout 的神经网络在每次训练中学习的几乎都是一个新的网络，另外的一种解释是，Dropout 在训练一个共享部分参数的集成模型。为了模拟集成模型的方法，使用了 Dropout 的网络需要使用到所有的神经元，所以在测试时，Dropout 将激活值乘以一个尺度缩放系数 $1/(1-p)$ 以恢复训练时按概率 p 随机丢弃神经元所造成的尺度变换。其中，p 是在训练时抑制神经元的概率。在实践中（也是 TensorFlow 的实现方式），通常采用 Inverted Dropout 的方式。在训练时需在激活值乘上尺度缩放系数，而在测试时则什么都不需要做。

Dropout 需要在训练和测试时做出不同的行为，TensorFlow 中 keras.layers.Dropout 提供了 training 参数，通过设置该参数就可以将 Dropout 改为训练模式或测试模式。在调用的 fit() 进入训练模式和调用 evaluate() 或 predict() 进入评估测试模式也会有同样的效果。6.5 节介绍的批标准化也是训练和测试步骤不同的网络层。

下面通过示例说明 Dropout 在训练模式和测试模式下的区别，其中，第 4～7 行代码执行了统计 Dropout 影响到的神经元数量，由于 TensorFlow 的 Dropout 采用了 Inverted Dropout，所以在第 7 行代码对 activations 乘以了 $1/(1-p)$，以对应 Dropout 的尺度变换。结果发现它大约影响了 50% 的神经元，这一数值和我们设置的 $p=0.5$ 基本一致，可简单理解为，p 的数值越高，训练中的模型就越精简。第 12～15 行代码统计了 Dropout 在测试时影响到的神经元数量，结果发现它并没有影响到任何神经元，即 Dropout 在测试时并不改变网络的结构。其代码如下：

```
1 import tensorflow as tf
2 p, count, iters, shape = 0.5, 0., 50, (5, 5)
3 dropout = tf.keras.layers.Dropout(p)
4 for _ in range(iters):
5     activations = tf.random.normal(shape) + 1e-5
6     output = dropout(activations, training = True)
7     count += tf.reduce_sum(tf.cast(output == activations * (1 / (1 - p)), tf.float32))
8
9 print("train 模式 Dropout 影响了{}的神经元".format(float(count)/(5 * 5 * iters)))
```

```
10
11 count = 0
12 for _ in range(iters):
13     activations = tf.random.normal(shape) + 1e-5
14     output = dropout(activations)
15     count += tf.reduce_sum(tf.cast(output == activations * (1 / (1 - p)), tf.float32))
16 print("train 模式 Dropout 影响了{}的神经元".format(float(count)/(5 * 5 * iters)))
>>> train 模式 Dropout 影响了 0.5024 的神经元
>>> train 模式 Dropout 影响了 0.0 的神经元
```

6.5 批标准化

在训练神经网络时,往往需要标准化(normalization)输入数据,使得网络的训练更加快速和有效,然而 SGD 等学习算法会在训练中不断改变网络的参数,隐藏层的激活值的分布会因此发生变化,而这一种变化就被称为内协变量偏移(internal covariate shift,ICS)。

为了减轻 ICS 问题,Batch Normalization 固定激活函数的输入变量的均值和方差,使得网络的训练更快。除了加速训练这一优势,Batch Normalization 还具备其他功能:首先,应用了 Batch Normalization 的神经网络在反向传播中有非常好的梯度流,这样,神经网络对权重的初值和尺度依赖性减少,能够使用更高的学习率,却降低了不收敛的风险。不仅如此,Batch Normalization 还具有正则化的作用,Dropout 也就不再需要了。最后,Batch Normalization 让深度神经网络使用饱和非线性函数成为可能。

6.5.1 批标准化的实现方式

Batch Normalization 在训练时,用当前训练批次的数据单独地估计每一激活值 $x^{(k)}$ 的均值和方差,为了方便,接下来只关注某一个激活值 $x^{(k)}$,并将 k 省略掉,现定义当前批次为具有 m 个激活值的 β:

$$\beta = x_{1 \cdots m}$$

首先,计算当前批次激活值的均值和方差:

$$\mu_\beta = \frac{1}{m} \sum_{i=1}^{m} x_i$$

$$\delta_\beta^2 = \frac{1}{m} \sum_{i=1}^{m} (x_i - \mu_\beta)^2$$

然后用计算好的均值 μ_β 和方差 δ_β^2 标准化这一批次的激活值 x_i,得到 $\hat{x}_i$,为了避免除 0,ε 被设置为一个非常小的数字,在 PyTorch 中,默认设为 1e-5。

$$\hat{x}_i = \frac{x_i - \mu_\beta}{\delta_\beta^2 + \varepsilon}$$

这样,就固定了当前批次 β 的分布,使得其服从均值为 0、方差为 1 的高斯分布。但是标准化有可能会降低模型的表达能力,因为网络中的某些隐藏层很有可能就是需要输入数据是非标准化分布的。所以,Batch Normalization 对标准化的变量 x_i 加了一步仿射变换 $y_i = \gamma \hat{x}_i + \beta$,添加的两个参数 γ 和 β 用于恢复网络的表示能力,它和网络原本的权重一起训练。在 PyTorch 中,β 初始化为 0,而 γ 则从均匀分布 $u(0,1)$ 随机采样。当 $\gamma = \sqrt{\text{Var}[x]}$ 且 $\beta = E[x]$ 时,标准化的激活值则完全恢复成原始值,这完全由训练中的网络自己决定。训练完毕后,γ 和 β 作为中间状态保存下来。在 PyTorch 的实现中,Batch Normalization 在训练时还会计算移动平均化的均值和方差:

$$\text{running\_mean} = (1 - \text{momentum}) \times \text{running\_mean} + \text{momentum} \times \mu_\beta$$

$$\text{running\_var} = (1 - \text{momentum}) \times \text{running\_var} + \text{momentum} \times \delta_\beta^2$$

momentum 默认为 0.1,running_mean 和 running_var 在训练完毕后保留,用于模型验证。

Batch Normalization 在训练完毕后,保留了两个参数 β 和 γ,以及两个变量 running_mean 和 running_var。在模型做验证时,做如下变换:

$$y = \frac{\gamma}{\sqrt{\text{running\_var} + \varepsilon}} \cdot x + \left(\beta - \frac{\gamma}{\sqrt{\text{running\_var} + \varepsilon}} \cdot \text{running\_mean} \right)$$

6.5.2 批标准化的使用方法

在 TensorfFlow 中,tf.keras.layers.BatchNormalization 提供了 Batch Normalization 的实现方法,同样地,它也被当作神经网络中的层使用。它有两个十分关键的参数:一是 centor 确定是否使用 beta 参数;二是 scale 确定是否使用 gamma 参数。这两个参数确定 Batch Normalization 是否使用仿射。

下面代码的第 3 行实例化了一个 BatchNormalization 对象,它将 moving_mean_initializer 设置成 zeros,将 moving_variance_initializer 设置成 ones,所以模型的两个中间变量 moving_mean 和 moving_var 就会被初始化为值全部为 0 和 1 向量,用于统计移动平均化的均值和方差。第 6~8 行代码从标准高斯分布采样了一些数据,然后提供给 BatchNormalization 层。第 11~12 行代码打印了变化后的 moving_mean 和 movingg_var,可以发现它们的数值发生了一些变化,但是基本维持了标准高斯分布的均值和方差数值。第 14~20 行代码验证了如果我们将 training 设置为 False,即非训练模式,这两个变量不会发生任何变化的设想。其代码如下:

```
1 import tensorflow as tf
2
3 m = tf.keras.layers.BatchNormalization(moving_mean_initializer = 'zeros', moving_
  variance_initializer = 'ones',
4                                          center = False, scale = False)
5 print("BEFORE: ")
6 for _ in range(100):
7     input = tf.random.normal(shape = (20, 5))
8     output = m(input, training = True)
9
```

```
10 print("AFTER: ")
11 print("running_mean:", m.moving_mean)
12 print("running_var:", m.moving_variance)
13
14 for _ in range(100):
15     input = tf.random.normal(shape = (20, 5))
16     output = m(input, training = False)
17
18 print("EVAL: ")
19 print("running_mean:", m.moving_mean)
20 print("running_var:", m.moving_variance)
21
22 print("no affine, gamma:", m.gamma)
23 print("no affine, beta:", m.beta)
24
25 m_affine = tf.keras.layers.BatchNormalization(center = True, scale = True, gamma_
   initializer = 'random_uniform')
26 for _ in range(100):
27     input = tf.random.normal(shape = (20, 5))
28     output = m_affine(input)
29
30 print("with affine, gamma:", m_affine.gamma, type(m_affine.gamma))
31 print("with affine, beta:", m_affine.beta, type(m_affine.beta))
>>> BEFORE:
>>> AFTER:
>>> running_mean: < tf.Variable 'batch_normalization/moving_mean:0' shape = (5,) dtype =
float32, numpy =
    array([ 0.01507051, 0.00285247, 0.00953195, -0.00216451, -0.00906908],
        dtype = float32)>
>>> running_var: <tf.Variable 'batch_normalization/moving_variance:0' shape = (5,) dtype =
float32, numpy =
    array([0.98489344, 0.94153744, 0.9792496 , 0.9710474 , 0.9444691 ],
        dtype = float32)>
>>> EVAL:
>>> running_mean: < tf.Variable 'batch_normalization/moving_mean:0' shape = (5,) dtype =
float32, numpy =
    array([ 0.01507051, 0.00285247, 0.00953195, -0.00216451, -0.00906908],
        dtype = float32)>
>>> running_var: <tf.Variable 'batch_normalization/moving_variance:0' shape = (5,) dtype =
float32, numpy =
    array([0.98489344, 0.94153744, 0.9792496 , 0.9710474 , 0.9444691 ],
        dtype = float32)>
>>> no affine, gamma: None
>>> no affine, beta: None
>>> with affine, gamma: < tf.Variable 'batch_normalization_1/gamma:0' shape = (5,) dtype =
float32, numpy =
    array([-0.0208541 , -0.00207917, 0.00334268, -0.04819582, 0.03359361],
        dtype = float32) > < class 'tensorflow.python.ops.resource_variable_ops.
ResourceVariable'>
```

```
>>> with affine, beta: < tf. Variable 'batch_normalization_1/beta:0' shape = (5,) dtype =
float32, numpy = array([0., 0., 0., 0., 0.], dtype = float32)> < class 'tensorflow. python.
ops. resource_variable_ops. ResourceVariable'>
```

上面代码的第 4 行设置了 center＝False, scale＝False,即不对标准化后的数据采用仿射变换。代码的第 22～23 行打印了这两个变量。因为我们关闭了仿射变换,所以这两个变量被设置为 None。同时,我们再实例化一个 BatchNormalization 对象 m_affine,但是这次设置 center＝True, scale＝True,然后在第 30～31 行代码打印 m_affine. gamma 和 m_affine. beta。可以看到,正如前面描述的那样,γ 服从均匀分布 $U(0,1)$ 随机采样,而 β 被初始化为 0。

第 **7** 章

卷积神经网络与计算机视觉

7.1　卷积神经网络的基本思想

卷积神经网络最初由 Yann LeCun 等在 1989 年提出,是获得早期成功的深度神经网络之一。它的基本思想如下。

1. 局部连接

传统的 BP 神经网络,例如多层感知器,前一层的某个节点与后一层的所有节点都有连接,后一层的某一个节点与前一层的所有节点也有连接,这种连接方式称为**全局连接**(如图 7.1 所示)。如果前一层有 M 个节点,后一层有 N 个节点,就会有 $M \times N$ 个连接权值,每一轮后向传播更新权值的时候都要对这些权值进行重新计算,造成了 $O(M \times N) = O(n^2)$ 的计算与内存开销。

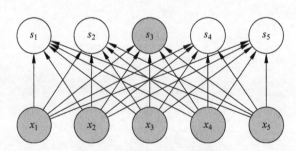

图 7.1　全局连接的神经网络

(图片来源:Goodfellow et al. *Deep Learning*. MIT Press.)

而局部连接的思想就是使得两层之间只有相邻的节点才进行连接,即连接都是"局部"的(如图 7.2 所示)。以图像处理为例,直觉上,图像的某一个局部的像素组合在一起共同呈现一些特征,而图像中距离比较远的像素组合起来则没有什么实际意义,因此这种局部连接的方式可以在图像处理的问题上有较好的表现。如果把连接限制在空间中相邻的 c 个节点,就把连接权值降低到了 $c \times N$,计算与内存开销就降低到了 $O(c \times N) = O(n)$。

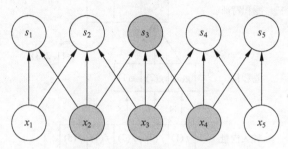

图 7.2 局部连接的神经网络

(图片来源:Goodfellow et al. *Deep Learning*. MIT Press.)

2. 参数共享

既然在图像处理中认为图像的特征具有局部性,那么对于每个局部使用不同的特征抽取方式(即不同的连接权值)是否合理呢? 由于不同的图像在结构上相差甚远,同一个局部位置的特征并不具有共性,对于某一个局部使用特定的连接权值不能得到更好的结果。因此考虑让空间中不同位置的节点连接权值进行共享,例如在图 7.2 中,属于节点 s_2 的连接权值:

$$w = \{w_1, w_2, w_3 \mid w_1 : x_1 \rightarrow s_2; w_2 : x_2 \rightarrow s_2; w_3 : x_3 \rightarrow s_2\}$$

可以被节点 s_3 以

$$w = \{w_1, w_2, w_3 \mid w_1 : x_2 \rightarrow s_3; w_2 : x_3 \rightarrow s_3; w_3 : x_4 \rightarrow s_3\}$$

的方式共享。其他节点的权值共享类似。

这样一来,两层之间的连接权值就减少到 c 个;虽然在前向传播和后向传播的过程中,计算开销仍为 $O(n)$,但内存开销被减少到常数级别 $O(c)$。

7.2 卷积操作

离散的卷积操作正是这样一种操作,它满足了以上局部连接、参数共享的性质。代表卷积操作的节点层称为**卷积层**。

在泛函分析中,卷积被 $f * g$ 定义为

$$(f * g)(t) = \int_{-\infty}^{\infty} f(\tau) g(t - \tau) \mathrm{d}\tau$$

则一维离散的卷积操作可以被定义为

$$(f * g)(x) = \sum_i f(i) g(x - i)$$

现在,假设 f 与 g 分别代表一个从向量下标到向量元素值的映射,令 f 表示输入向量,g 表示的向量称为**卷积核**(kernel),则卷积核施加于输入向量上的操作类似于一个权值向量在输入向量上移动,每移动一步进行一次加权求和操作;每一步移动的距离被称为**步长**(stride)。例如,取输入向量大小为5,卷积核大小为3,步长为1,则卷积操作过程如图 7.3 所示。

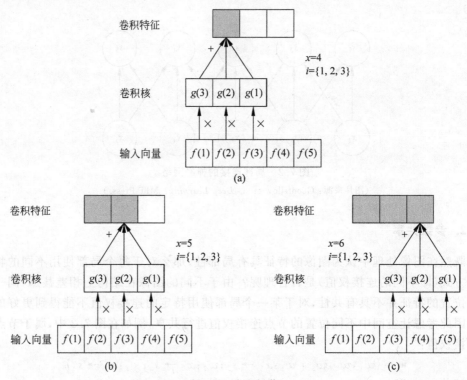

图 7.3　卷积操作

卷积核从输入向量左边开始扫描,权值在第一个位置分别与对应输入值相乘求和,得到卷积特征值向量的第一个值。接下来,移动一个步长,到达第二个位置,进行相同操作;依此类推。

这样就实现了从前一层的输入向量提取特征到后一层的操作,这种操作具有局部连接(每个节点只连接与其相邻的 3 个节点)以及参数共享(所用的卷积核为同一个向量)的特性。类似地,可以拓展到二维(如图 7.4 所示),以及更高维度的卷积操作。

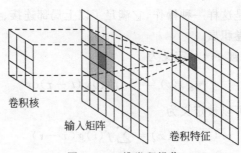

图 7.4　二维卷积操作

多个卷积核：利用一个卷积核进行卷积抽取特征是不充分的,因此在实践中,通常使用多个卷积核来提升特征提取的效果,之后将所得不同卷积核卷积所得特征张量沿第一维拼接形成更高一个维度的特征张量。

多通道卷积：在处理彩色图像时,输入的图像有 RGB 三个通道的数值,这时分别使用不同的卷积核对每一个通道进行卷积,然后使用线性或非线性的激活函数将相同位置的卷积特征合并为一个。

边界填充：注意到在图 7.4 所示中,卷积核的中心 $g(2)$ 并不是从边界 $f(1)$ 上开始扫描的。以一维卷积为例,大小为 m 的卷积核在大小为 n 的输入向量上进行操作后所得到的卷积特征向量大小会缩小为 $n-m+1$。当卷积层数增加时,特征向量大小就会以 $m-1$ 的速度坍缩,这使得更深的神经网络变得不可能,因为在叠加到第 $\left\lfloor \dfrac{n}{m-1} \right\rfloor$ 个卷积层之后,卷积特征将坍缩为标量。为了解决这一问题,人们通常采用在输入张量的边界上填充 0 的方式,使得卷积核的中心可以从边界上开始扫描,从而保持卷积操作输入张量和输出张量的大小不变。

7.3　池化层

池化(pooling,如图 7.5 所示)的目的是降低特征空间的维度,只抽取局部最显著的特征,同时这些特征出现的具体位置也被忽略。这样做是符合直觉的:以图像处理为例,通常关注的是一个特征是否出现,而不太关心它们在哪里出现,这被称为图像的静态性。通过池化降低空间维度的做法不但降低了计算开销,还使得卷积神经网络对于噪声具有健壮性。

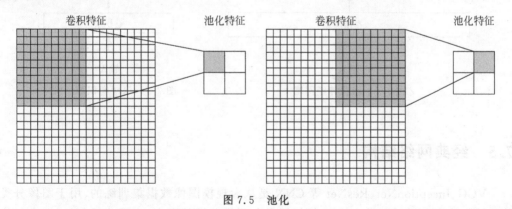

图 7.5　池化

常见的池化类型有最大池化、平均池化等。最大池化是指在池化区域中,取卷积特征值最大的作为所得池化特征值;平均池化则是指在池化区域中取所有卷积特征值的平均作为池化特征值。如图 7.5 所示,在二维的卷积操作之后得到一个 20×20 的卷积特征矩阵,池化区域大小为 10×10,这样得到的就是一个 2×2 的池化特征矩阵。需要注意的是,与卷积核在重叠的区域进行卷积操作不同,池化区域是互不重叠的。

7.4 卷积神经网络

一般来说，**卷积神经网络**（convolutional neural network，CNN）由一个卷积层、一个池化层和一个非线性激活函数层组成，如图7.6所示。

在图像分类中表现良好的深度神经网络往往由多个"卷积层＋池化层"的组合堆叠而成，通常多达数十层乃至上百层，如图7.7所示。

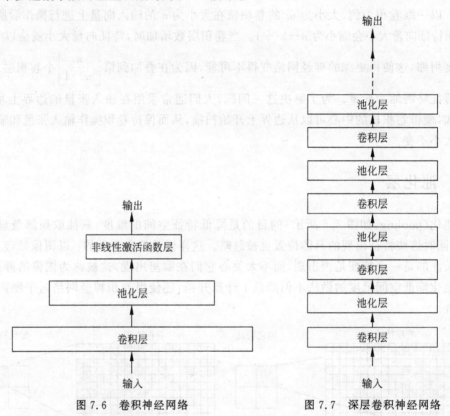

图 7.6　卷积神经网络　　　　图 7.7　深层卷积神经网络

7.5 经典网络结构

VGG、InceptionNet、ResNet 等 CNN 是从大规模图像数据集训练的、用于图像分类的网络。从 2010 年起，ImageNet 每年都举办图像分类的竞赛，为了公平起见，它为每位参赛者提供来自 1000 个类别的 120 万张图像。在如此巨大的数据集中训练出的深度学习模型特征具有非常良好的泛化能力，在迁移学习后，可以被用于除图像分类之外的其他任务，如目标检测、图像分割。TensorFlow 的 keras 包提供了大量的模型实现，以及模型的预训练权重文件，其中就包括本节介绍的 VGG、InceptionNet、ResNet。

7.5.1 VGG 网络

VGG 网络的特点是用小卷积核（3×3）代替先前网络（如 AlexNet）的大卷积核。例如，3 个步长为 1 的 3×3 的卷积核和一个 7×7 的卷积核的感受是一致的，2 个步长为 1 的 3×3 的卷积核和一个 5×5 的卷积核的感受也是一致的。这样，虽然感受是相同的，但是加深了网络的深度，提升了网络的拟合能力。VGG 网络的网络结构如图 7.8 所示。

ConvNet Configuration					
A	A-LRN	B	C	D	E
11 weight layers	11 weight layers	13 weight layers	16 weight layers	16 weight layers	19 weight layers
input(224×224 RGB image)					
conv3-64	conv3-64 **LRN**	conv3-64 **conv3-64**	conv3-64 conv3-64	conv3-64 conv3-64	conv3-64 conv3-64
maxpool					
conv3-128	conv3-128	conv3-128 **conv3-128**	conv3-128 conv3-128	conv3-128 conv3-128	conv3-128 conv3-128
maxpool					
conv3-256 conv3-256	conv3-256 conv3-256	conv3-256 conv3-256	conv3-256 conv3-256 **conv1-256**	conv3-256 conv3-256 **conv3-256**	conv3-256 conv3-256 conv3-256 **conv3-256**
maxpool					
conv3-512 conv3-512	conv3-512 conv3-512	conv3-512 conv3-512	conv3-512 conv3-512 **conv1-512**	conv3-512 conv3-512 **conv3-512**	conv3-512 conv3-512 conv3-512 **conv3-512**
maxpool					
conv3-512 conv3-512	conv3-512 conv3-512	conv3-512 conv3-512	conv3-512 conv3-512 **conv1-512**	conv3-512 conv3-512 **conv3-512**	conv3-512 conv3-512 conv3-512 **conv3-512**
maxpool					
FC-4096					
FC-4096					
FC-1000					
soft-max					

图 7.8 VGG 网络的网络结构

除此之外，VGG 的全 3×3 卷积核结构降低了参数量，如一个 7×7 卷积核，其参数量为 $7×7×C_{in}×C_{out}$，而具有相同感受的 3×3 卷积核的参数量为 $3×3×3×C_{in}×C_{out}$。VGG 网络和 AlexNet 的整体结构一致，都是先用 5 层卷积层提取图像特征，再用 3 层全连接层作为分类器。不过 VGG 网络的"层"（在 VGG 中称为 Stage）是由几个 3×3 的卷积层叠加起来的，而 AlexNet 是以一个大卷积层为一层。所以 AlexNet 只有 8 层，而 VGG 网络则可多达 19 层，VGG 网络在 ImageNet 的 Top5 准确率达到了 92.3%。VGG 网络的主要问题是最后的 3 层全连接层的参数量过于庞大。

7.5.2 InceptionNet

InceptionNet(GoogLeNet)主要是由多个被称为Inception的模块实现的。InceptionNet结构如图7.9所示，它是一个分支结构，一共有4个分支，第一个分支是1×1卷积核；第二个分支是先进行1×1卷积，然后再进行3×3卷积；第三个分支同样先进行1×1卷积；然后再接一层进行5×5卷积；第4个分支先是3×3的最大池化层，然后再用1×1卷积。最后，4个通道计算过的特征映射用沿通道维度拼接的方式组合到一起。

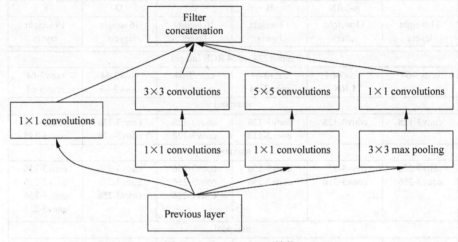

图7.9　InceptionNet结构

图7.9所示中有6个卷积核和一个最大池化层，其中，输入Filter Concatenation操作的前三个1×1、3×3和5×5的卷积核主要用于提取特征。不同大小的卷积核拼接到一起，使这一结构具有多尺度的表达能力。3×3 max pooling最大池化层的使用是因为实验表明池化层往往具有比较好的效果。而剩下的三个1×1卷积核则用于特征降维，可以减少计算量。在InceptionNet中，使用全局平均池化层和单层的全连接层替换掉了VGG的三层全连接层。

最后，InceptionNet达到了22层，为了让深度如此大的网络能够稳定地训练，InceptionNet在网络中间添加了额外的两个分类损失函数，在训练中，这些损失函数相加为一个最终的损失，在验证过程中这两个额外的损失函数不再使用。InceptionNet在ImageNet的Top5准确率为93.3%，不仅准确率高于VGG网络，推断速度也更胜一筹。

7.5.3 ResNet

神经网络越深，对复杂特征的表示能力就越强。但是单纯地提升网络的深度会导致反向传播算法在传递梯度时发生梯度消失现象，导致网络的训练无效。通过一些权重初始化方法和Batch Normalization可以解决这一问题。但是即使用了这些方法，网络在达到一定深度之后，模型训练的准确率也不会再提升，甚至会开始下降，这种现象称为训练准确率的退化（degradation）问题。退化问题表明，深层模型的训练是非常困难的。ResNet提出了残差学习的方法，用于解决深度学习模型的退化问题。

假设输入数据是 x，常规的神经网络是通过几个堆叠的层去学习一个映射 $H(x)$，而 ResNet 学习的是映射和输入的残差 $F(x) = H(x) - x$。相应地，原有的表示就变成 $H(x) = F(x) + x$。虽然两种表示是等价的，但是实验表明，残差学习更容易训练。 ResNet 是由几个堆叠的残差模块表示的，可以将残差结构形式化为

$$y = F(x, \{w_i\}) + x$$

其中，$F(x, \{w_i\})$ 表示要学习的残差映射，残差模块的基本结构如图 7.10 所示。在图 7.10 所示中，残差映射一共有两层，可表示为 $y = w_2 \delta(w_1 x + b_1) + b_2$，其中，$\delta$ 表示 ReLU 激活函数。ResNet 的实现中大量采用了两层或三层的残差结构，而实际这个数量并没有限制，当它仅为一层时，残差结构就相当于一个线性层，所以就没有必要采用单层的残差结构了。

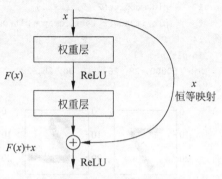

图 7.10 ResNet 结构

$F(x) + x$ 在 ResNet 中用 shortcut 连接和逐元素相加实现，相加后的结果为下一个 ReLU 激活函数的输入。shortcut 连接相当于对输入 x 做了一个恒等映射(identity map)，在非常极端的情况下，残差 $F(x)$ 会等于 0，而使整个残差模块仅做了一次恒等映射，这完全是由网络自主决定的，只要它自身认为这是更好的选择。如果 $F(x)$ 和 x 的维度不相同，可以采用如下结构使得其维度相同：

$$y = F(x, \{w_i\}) + \{w_s\} x$$

但是，ResNet 的实验表明，使用恒等映射就能很好地解决退化问题，并且足够简单，计算量足够小。ResNet 的残差结构解决了深度学习模型的退化问题，在 ImageNet 的数据集上，最深的 ResNet 模型达到了 152 层，其 Top5 准确率达到了 95.51%。

7.6 用 TensorFlow 进行手写数字识别

tf. keras. datasets () 函数中有手写数字数据集，并提供 load_data() 函数来导入数据，便于完成手写数字识别的案例。

下面代码中第 4 行是通过 mnist. load_data() 函数来直接下载并导入 MNIST 数据集的。load_data() 函数会返回训练集和测试集的"参数"和"真值"，用于训练和测试。从第 5 行的打印结果可以看到，该数据集的图片大小是 28×28，包含 6 万张图片的训练集和 1 万张图片的测试集。然后第 7~8 行代码是通过 tf. data. Dataset. from_tensor_slices() 函数来创建 Dataset，用于训练和测试。第 10~15 行通过 matplotlib 来画出 10 张图片，作为预览(如图 7.11 所示)。

```
1 import tensorflow as tf
2 import matplotlib.pyplot as plt
3
4 (x_train, y_train), (x_test, y_test) = tf.keras.datasets.mnist.load_data()
5 print(x_train.shape, x_test.shape)
```

```
 6
 7 train_dataset = tf.data.Dataset.from_tensor_slices((x_train, y_train))
 8 test_dataset = tf.data.Dataset.from_tensor_slices((x_test, y_test))
 9
10 i = 0
11 for (x_test, y_test) in test_dataset.take(10):
12     plt.subplot(2, 5, i + 1)
13     plt.imshow(x_test, cmap = plt.cm.binary)
14     i += 1
15 plt.show()
>>> (60000, 28, 28) (10000, 28, 28)
```

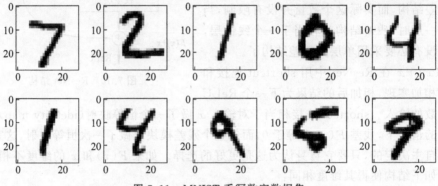

图 7.11　MNIST 手写数字数据集

因为数据预处理是非常重要的步骤，所以 TensorFlow 的 Dataset 提供了 map()函数用于处理数据及数据增强。在下面的代码中，第 1～2 行定义了归一化函数 normalize()，用于加速模型在训练中的收敛速率。第 6～7 行将该函数作为参数传入到了 map()函数中。第 8～9 行使用 shuffle()函数将数据集打乱，并将 batch 参数设置为 32。其代码如下：

```
1 def normalize(x, y):
2     return tf.cast(x, tf.float32) / 255, y
3
4
5 BATCH_SIZE = 32
6 train_dataset = train_dataset.map(normalize)
7 test_dataset = test_dataset.map(normalize)
8 train_dataset = train_dataset.shuffle(60000).batch(BATCH_SIZE)
9 test_dataset = test_dataset.batch(BATCH_SIZE)
```

下面构建用于识别手写数字的神经网络模型。

```
1 model = tf.keras.models.Sequential([
2     tf.keras.layers.Flatten(input_shape = (28, 28)),
3     tf.keras.layers.Dense(128, activation = 'relu'),
4     tf.keras.layers.Dense(10)
5 ])
6
```

```
 7 model.compile(
 8     optimizer = tf.keras.optimizers.Adam(0.001),
 9     loss = tf.keras.losses.SparseCategoricalCrossentropy(from_logits = True),
10     metrics = [tf.keras.metrics.SparseCategoricalAccuracy()],
11 )
12 model.summary()
>>> Model: "sequential"
```

Layer (type)	Output Shape	Param #
flatten (Flatten)	(None, 784)	0
dense (Dense)	(None, 128)	100480
dense_1 (Dense)	(None, 10)	1290

```
Total params: 101,770
Trainable params: 101,770
Non-trainable params: 0
```

下面可以通过 model.summary() 函数看到其网络结构。准备好数据和模型后,就可以训练模型了。使用 tf.keras.callbacks.TensorBoard 设置回调函数,可以用来记录训练过程。并在第 4 行代码将训练数据迭代次数 epochs 设为 6,并将训练和验证的准确率和损失记录下来。其代码如下:

```
1 record_callback = tf.keras.callbacks.TensorBoard(histogram_freq = 1)
2 model.fit(
3     train_dataset,
4     epochs = 6,
5     validation_data = test_dataset,
6     callbacks = [record_callback]
7 )
>>> Epoch 1/6
>>> 1875/1875 [ ============================== ] − 24s 10ms/step − loss: 0.2583 −
sparse_categorical_accuracy: 0.9260 − val_loss: 0.1382 − val_sparse_categorical_
accuracy: 0.9591
>>> Epoch 2/6
>>> 1875/1875 [ ============================== ] − 23s 11ms/step − loss: 0.1116
− sparse_categorical_accuracy: 0.9669 − val_loss: 0.1059 − val_sparse_categorical_
accuracy: 0.9693
>>> Epoch 3/6
>>> 1875/1875 [ ============================== ] − 19s 8ms/step − loss: 0.0768 −
sparse_categorical_accuracy: 0.9762 − val_loss: 0.0936 − val_sparse_categorical_
accuracy: 0.9710
>>> Epoch 4/6
>>> 1875/1875 [ ============================== ] − 18s 8ms/step − loss: 0.0569 −
sparse_categorical_accuracy: 0.9827 − val_loss: 0.0747 − val_sparse_categorical_
accuracy: 0.9770
```

```
>>> Epoch 5/6
>>> 1875/1875 [ ============================== ] - 16s 7ms/step - loss: 0.0442 -
sparse_categorical_accuracy: 0.9865 - val_loss: 0.0725 - val_sparse_categorical_
accuracy: 0.9770
>>> Epoch 6/6
>>> 1875/1875 [ ============================== ] - 16s 7ms/step - loss: 0.0347 -
sparse_categorical_accuracy: 0.9892 - val_loss: 0.0749 - val_sparse_categorical_
accuracy: 0.9765
```

模型训练迭代过程的损失图像如图 7.12 所示。

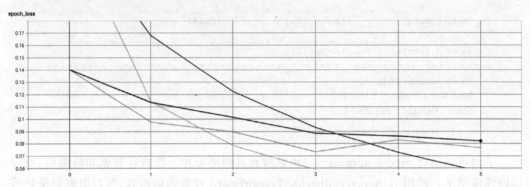

图 7.12　训练集和验证集的损失迭代图像

第  章

神经网络与自然语言处理

随着梯度反向传播算法的提出,神经网络在计算机视觉领域取得了巨大的成功,神经网络第一次真正地超越传统方法,成为在学术界乃至工业界实用的模型。

这时在自然语言处理领域,统计方法仍然是主流的方法,例如,n-gram 语言模型和统计机器翻译的 IBM 模型已经发展出许多非常成熟而精巧的变种。由于自然语言处理中所要处理的对象都是离散的符号,例如词、n-gram,以及其他的离散特征,自然语言处理与连续型浮点值计算的神经网络有着天然的差异。

然而有一群坚定地信奉连接主义的科学家们,一直坚持不懈地探索如何把神经网络引入计算语言学领域。从最简单的多层感知器网络,到循环神经网络,再到 Transformer 架构,序列建模与自然语言处理成为神经网络应用最为广泛的领域之一。本章将对自然语言处理领域的神经网络架构发展做全面的梳理,并从 4 篇最经典的标志性论文展开,详细剖析这些网络架构设计背后的语言学意义。

8.1 语言建模

自然语言处理中,最根本的问题就是语言建模。机器翻译可以被看作一种条件语言模型。我们观察到,自然语言处理领域中每一次网络架构的重大创新都出现在语言建模上。因此,在这里对语言建模做必要的简单介绍。

人类使用的自然语言都是以序列的形式出现的,尽管这个序列的基本单元应该选择什么是一个开放性的问题(是词、音节,还是字符等)。假设词是基本单元,那么一个句子就是一个由词组成的序列。一门语言能产生的句子是无穷多的,这其中有些句子出现的多,有些出现的少,有些不符合语法的句子出现的概率就非常低。一个概率学的语言模型,就是要对这些句子进行建模。

形式化地,将含有 n 个词的一个句子表示为

$$\boldsymbol{Y} = \{y_1, y_2, \cdots, y_n\}$$

其中,y_i 为来自这门语言词汇表中的词。语言模型就是要对句子 $\boldsymbol{Y}$ 输出它在这门语言中出现的概率:

$$P(\boldsymbol{Y}) = P(y_1, y_2, \cdots, y_n)$$

对于一门语言,所有句子的概率是要归一化的。

$$\sum_Y P(\boldsymbol{Y}) = 1$$

因为一门语言中的句子是无穷无尽的,所以概率模型的参数是非常难估计的。于是,人们把这个模型进行了分解:

$$P(y_1, y_2, \cdots, y_n) = P(y_1)P(y_2 \mid y_1)P(y_3 \mid y_1, y_2)\cdots P(y_n \mid y_1, y_2, \cdots, y_{n-1})$$

这样,就可以转而对 $P(y_t \mid y_1, y_2, \cdots, y_{t-1})$ 进行建模了。这个概率模型具有直观的语言学意义:给定一句话的前半部分,预测下一个词是什么。这种"下一个词预测"是非常自然和符合人类认知的,因为人们说话的时候都是按顺序从第一个词说到最后一个词,而后面的词是什么,在一定程度上取决于前面已经说出的词。

翻译,是将一门语言转换成另一门语言。在机器翻译中,被转换的语言称为源语言,转换后的语言称为目标语言。机器翻译模型在本质上也是一个概率学的语言模型。来观察一下上面建立的语言模型:

$$P(\boldsymbol{Y}) = P(y_1, y_2, \cdots, y_n)$$

假设 $\boldsymbol{Y}$ 是目标语言的一个句子,如果加入一个源语言的句子 $\boldsymbol{X}$ 作为条件,就会得到这样一个条件语言模型:

$$P(\boldsymbol{Y} \mid \boldsymbol{X}) = P(y_1, y_2, \cdots, y_n \mid \boldsymbol{X})$$

当然,这个概率模型也是不容易估计参数的。因此通常使用类似的方法进行分解:

$$P(y_1, y_2, \cdots, y_n \mid \boldsymbol{X}) = P(y_1 \mid \boldsymbol{X})P(y_2 \mid y_1, \boldsymbol{X})P(y_3 \mid y_1, y_2, \boldsymbol{X})\cdots$$
$$P(y_n \mid y_1, y_2, \cdots, y_{n-1}, \boldsymbol{X})$$

于是,所得到的模型 $P(y_n \mid y_1, y_2, \cdots, y_{n-1}, \boldsymbol{X})$ 就又具有了易于理解的"下一个词预测"语言学意义:给定源语言的一句话,以及目标语言已经翻译出来的前半句话,预测下一个翻译出来的词。

以上提到的这些语言模型,对于长短不一的句子要统一处理,在早期不是一件容易的事。为了简化模型和便于计算,人们提出了一些假设。尽管这些假设并不都符合人类的自然认知,但在当时看来,确实能够有效地在建模效果和计算难度之间取得微妙的平衡。

在这些假设中,最常用就是马尔可夫假设。在这个假设之下,"下一个词预测"只依赖于前面 n 个词,而不再依赖于整个长度不确定的前半句话。假设 $n = t$,那么语言模型就将变成:

$$P(y_1, y_2, \cdots, y_t) = P(y_1)P(y_2 \mid y_1)P(y_3 \mid y_1, y_2)\cdots P(y_t \mid y_{t-2}, y_{t-1})$$

这就是著名的 n-gram 模型。

这种通过一定的假设来简化计算的方法,在神经网络的方法中仍然有所应用。例如,

当神经网络的输入是固定长度的时候,就只能选取一个固定大小的窗口中的词来作为输入。

其他一些传统统计学方法中的思想在神经网络方法中也有所体现,本书不再赘述。

8.2　基于多层感知器的架构

在梯度后向传播算法提出之后,多层感知器得以被有效训练。在今天看来,这种相当简单的由全连接层组成的网络,相比传统的需要特征工程的统计方法更为有效。在计算机视觉领域,由于图像可以被表示成为 RGB 或灰度的数值,输入神经网络的特征都具有良好的数学性质。而在自然语言方面,如何表示一个词就成了难题。人们在早期使用 0-1 向量表示词,例如,词汇表中有 30000 个词,一个词就表示成一个维度为 30000 的向量,其中,表示第 k 个词的向量的第 k 个维度是 1,其余全部是 0。可想而知,这样的稀疏特征输入神经网络后是很难训练的。因此神经网络方法在自然语言处理领域停滞不前。曙光出现在 2000 年 NIPS 的一篇论文中,第一作者是日后深度学习三巨头之一的 Bengio。在这篇论文中,Bengio 提出了分布式的词向量表示,有效地解决了词的稀疏特征问题,为后来神经网络方法在计算语言学中的应用奠定了第一块基石。这篇论文就是当前每位 NLP 入门学习者必读的:*A Neural Probabilistic Language Model*,尽管今天大多数人读到的都是它的 JMLR 版本。

根据论文的标题可知,Bengio 所要构建的是一个语言模型。假设还是沿用传统的基于马尔可夫假设的 n-gram 语言模型,怎样建立一个合适的神经网络架构来体现 $P(y_t \mid y_{t-n}, \cdots, y_{t-1})$ 这样一个概率模型呢? 神经网络究其本质,只不过是一个带参函数,假设以 $g(\cdot)$ 表示,那么这个概率模型就可以表示成

$$P(y_t \mid y_{t-n}, \cdots, y_{t-1}) = g(y_{t-n}, \cdots, y_{t-1}; \boldsymbol{\theta})$$

既然是这样,那么词向量也可以是神经网络参数的一部分,与整个神经网络一起进行训练,这样就可以使用一些低维度的、具有良好数学性质的词向量表示了。

在这篇论文中有一个词向量矩阵的概念。词向量矩阵 $\boldsymbol{C}$ 是与其他权值矩阵一样的神经网络中的一个可训练的组成部分。假设有 $|V|$ 个词,每个词的维度是 d,d 远远小于 $|V|$。那么这个词向量矩阵 $\boldsymbol{C}$ 的大小就是 $|V| \times d$。其中,第 k 行 $\boldsymbol{C}(k)$ 是一个维度为 d 的向量,用于表示第 k 个词。这种特征不像 0-1 向量那么稀疏,对于神经网络比较友好。

在 Bengio 的设计中,$y_{t-n}, \cdots, y_{t-1}$ 的信息是以词向量拼接的形式输入神经网络的,即

$$x = [\boldsymbol{C}(y_{t-n}); \cdots; \boldsymbol{C}(y_{t-1})]$$

而神经网络 $g(\cdot)$ 则采取了这样的形式:

$$g(x) = \text{softmax}(b_1 + Wx + U\tanh(b_2 + Hx))$$

神经网络的架构中包括线性 $b_1 + Wx$ 和非线性 $U\tanh(b_2 + Hx)$ 两个部分,使得线性部分可以在有必要的时候提供直接的连接。这种早期的设计有着残差连接和门限机制的影子。

这个神经网络架构（如图 8.1 所示）的语言学意义也非常直观：它实际上是模拟了 n-gram 的条件概率，给定一个固定大小窗口的上下文信息，预测下一个词的概率。这种自回归的"下一个词预测"从统计自然语言处理中被带到了神经网络方法中，并且一直是当今神经网络概率模型中最基本的假设。

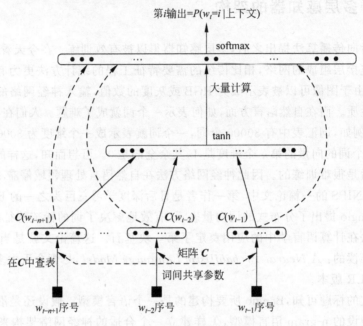

图 8.1 一种神经概率语言模型

8.3 基于循环神经网络的架构

早期的神经网络都有固定大小的输入和输出。这在传统的分类问题上（特征向量维度固定）以及图像处理上（固定大小的图像）可以满足人们的需求。但是在自然语言处理中，句子是一个变长的序列，传统上固定输入的神经网络就无能为力了。8.2 节中的方法，就是牺牲了远距离的上下文信息，而只取固定大小窗口中的词。这无疑给更加准确的模型带来了限制。

为了处理这种变长序列的问题，神经网络就必须采取一种适合的架构，使得输入序列和输出序列的长度可以动态地变化，而又不改变神经网络中参数的个数（否则训练无法进行）。基于参数共享的思想，可以在时间线上共享参数。在这里，时间是一个抽象的概念，通常表示为时步（timestep）；例如，若一个以单词为单位的句子是一个时间序列，那么句子中第一个单词就是第一个时步，第二个单词就是第二个时步，依此类推。共享参数的作用不仅在于使得输入长度可以动态变化，还在于将一个序列各时步的信息关联起来，沿时间线向前传递。

这种神经网络架构，就是循环神经网络。本节将先阐述循环神经网络中的基本概念，然后介绍语言建模中循环神经网络的使用。

8.3.1 循环单元

沿时间线共享参数的一个很有效的方式就是使用循环,使得时间线递归地展开。形式化地可以表示如下:

$$h_t = f(h_{t-1}; \boldsymbol{\theta})$$

其中,$f(\cdot)$ 为循环单元(recurrent unit),$\boldsymbol{\theta}$ 为参数。为了在循环的每一时步都输入待处理序列中的一个元素,对循环单元做如下更改:

$$h_t = f(x_t, h_{t-1}; \boldsymbol{\theta})$$

h_t 一般不直接作为网络的输出,而是作为隐藏层的节点,被称为隐单元。隐单元在时步 t 的具体取值成为在时步 t 的隐状态。隐状态通过线性或非线性的变换生成同样为长度可变的输出序列:

$$y_t = g(h_t)$$

图 8.2 循环神经网络

这样的具有循环单元的神经网络被称为循环神经网络(recurrent neural network,RNN)。将以上计算步骤画成计算图(如图 8.2 所示),可以看到,隐藏层节点有一条指向自己的箭头,代表循环单元。

将图 8.2 的循环展开(如图 8.3 所示),可以清楚地看到循环神经网络是如何以一个变长的序列 $x_1, x_2, \cdots, x_n$ 为输入,并输出一个变长的序列 $y_1, y_2, \cdots, y_n$。

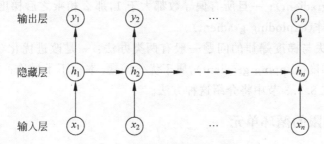

图 8.3 循环神经网络展开形式

8.3.2 通过时间后向传播

在 8.3.1 节中,循环单元 $f(\cdot)$ 可以采取许多形式。其中最简单的形式就是使用线性变换:

$$h_t = \boldsymbol{W}_{xh} x_t + \boldsymbol{W}_{hh} h_{t-1} + b$$

其中,$\boldsymbol{W}_{xh}$ 是从输入 x_t 到隐状态 h_t 的权值矩阵,$\boldsymbol{W}_{hh}$ 是从前一个时步的隐状态 h_{t-1} 到当前时步隐状态 h_t 的权值矩阵,b 是偏置。采用这种形式循环单元的循环神经网络被称为**平凡循环神经网络**(vanilla RNN)。

在实际中很少使用平凡循环神经网络,这是由于它在误差后向传播的时候会出现梯度消失或梯度爆炸的问题。为了理解什么是梯度消失和梯度爆炸,先来看一下平凡循环神经网络的误差后向传播过程。

在图 8.4 中，E_t 表示时步 t 的输出 y_t 以某种损失函数计算出来的误差，s_t 表示时步 t 的隐状态。若需要计算 E_t 对 W_{hh} 的梯度，需要对每次循环展开时产生的隐状态应用链式法则，并把这些偏导数逐步相乘起来，这个过程（如图 8.4 所示）被称为通过时间后向传播（backpropagation through time，BPTT）。形式化地，E_t 对 W_{hh} 的梯度计算如下：

$$\frac{\partial E_t}{\partial W_{hh}} = \sum_{k=0}^{t} \frac{\partial E_t}{\partial y_t} \frac{\partial y_t}{\partial s_t} \left(\prod_{i=k}^{t-1} \frac{\partial s_{i+1}}{\partial s_i} \right) \frac{\partial s_k}{\partial W_{hh}}$$

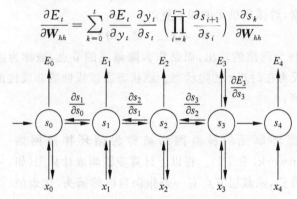

图 8.4　通过时间后向传播（BPTT）

注意，式中有一项连乘，这意味着当序列较长的时候相乘的偏导数个数将变得非常多。有些时候，一旦所有的偏导数都小于 1，那么相乘之后梯度将会趋向 0，这被称为梯度消失（vanishing gradient）；一旦所有偏导数都大于 1，那么相乘之后梯度将会趋向无穷，这被称为梯度爆炸（exploding gradient）。

解决梯度消失与梯度爆炸的问题一般有两类办法：一是改进优化（optimization）过程，如引入缩放梯度（clipping gradient），属于优化问题，本章不予讨论；二是使用带有门限的循环单元，在 8.3.3 节中将介绍这种方法。

8.3.3　带有门限的循环单元

在循环单元中引入门限，除了解决梯度消失和梯度爆炸的问题以外，最重要的原因是为了解决长距离信息传递的问题。设想要把一个句子编码到循环神经网络的最后一个隐状态里，如果没有特别的机制，离句末越远的单词的信息损失一定是最大的。为了保留必要的信息，可以在循环神经网络中引入门限。门限相当于一种可变的短路机制，使得有用的信息可以"跳过"一些时步，直接传到后面的隐状态；同时由于这种短路机制的存在，使得误差后向传播的时候得以直接通过短路传回来，避免了在传播过程中爆炸或消失。

最早出现的门限机制是 Hochreiter 等于 1997 年提出的长短时记忆（long short-term memory，LSTM）。LSTM 中显式地在每一时步 t 引入了记忆 c_t，并使用输入门限 i、遗忘门限 f、输出门限 o 来控制信息的传递。LSTM 循环单元 $h_t = \mathrm{LSTM}(h_{t-1}, c_{t-1}, x_t; \boldsymbol{\theta})$ 表示如下：

$$h_t = o \odot \tanh(c_t)$$

$$c_t = i \odot g + f \odot c_{t-1}$$

其中,$\odot$ 表示逐元素相乘。输入门限 i、遗忘门限 f、输出门限 o、候选记忆 g 分别为

$$i = \sigma(W_I h_{t-1} + U_I x_t)$$
$$f = \sigma(W_F h_{t-1} + U_F x_t)$$
$$o = \sigma(W_O h_{t-1} + U_O x_t)$$
$$g = \tanh(W_G h_{t-1} + U_G x_t)$$

直觉上,这些门限可以控制向新的隐状态中添加多少新的信息,以及遗忘多少旧的隐状态中的信息,使得重要的信息得以传播到最后一个隐状态。

GRU Cho 等在 2014 年提出了一种新的循环单元,其思想是不再显式地保留一个记忆,而是使用线性插值的办法自动调整添加多少新信息和遗忘多少旧信息。这种循环单元称为**门限循环单元**(gated recurrent unit, GRU)。$h_t = \text{GRU}(h_{t-1}, x_t; \boldsymbol{\theta})$ 表示如下:

$$h_t = (1 - z_t) \odot h_{t-1} + z_t \odot \tilde{h}_t$$

其中,更新门限 z_t 和候选状态 $\tilde{h}_t$ 的计算如下:

$$z_t = \sigma(W_Z x_t + U_Z h_{t-1})$$
$$\tilde{h}_t = \tanh(W_H x_t + U_H(r \odot h_{t-1}))$$

其中,r 为重置门限,计算如下:

$$r = \sigma(W_R x_t + U_R h_{t-1})$$

GRU 达到了与 LSTM 类似的效果,但是由于不需要保存记忆,因此稍微节省内存空间。但总体来说,GRU 与 LSTM 在实践中并无实质性差别。

8.3.4 循环神经网络语言模型

由于循环神经网络能够处理变长的序列,所以它非常适合处理语言建模的问题。Mikolov 等在 2010 年提出了基于循环神经网络的语言模型 RNNLM,这就是本章要介绍的第二篇经典论文 *Recurrent neural network based language model*。

在 RNNLM 中,核心的网络架构是一个平凡循环神经网络。其输入层 $x(t)$ 为当前词词向量 $w(t)$ 与隐藏层的前一时间步隐状态 $s(t-1)$ 的拼接:

$$x(t) = [w(t); s(t-1)]$$

隐状态的更新是通过将输入向量 $x(t)$ 与权值矩阵相乘,然后进行非线性转换完成的:

$$s(t) = f(x(t) \cdot u)$$

实际上,将多个输入向量进行拼接然后乘以权值矩阵等效于将多个输入向量分别与小的权值矩阵相乘,因此这里的循环单元仍是 8.3.2 节中介绍的平凡循环单元。

更新了隐状态之后,就可以将这个隐状态再次做非线性变换,输出一个在词汇表上归一化的分布。例如,词汇表的大小为 k,隐状态的维度为 h,那么可以使用一个大小为 $h \times k$ 的矩阵 v 乘以隐状态做线性变换,使其维度变为 k,然后使用 softmax( ) 函数使得这个 k 维的向量归一化:

$$y(t) = \text{softmax}(s(t) \cdot \boldsymbol{v})$$

这样，词汇表中的第 i 个词是下一个词的概率就是

$$P(w_t = i \mid w_1, w_2, \cdots, w_{t-1}) = y_i(t)$$

在这个概率模型的条件里，包含整个前半句 $w_1, w_2, \cdots, w_{t-1}$ 的所有上下文信息。这克服了之前由马尔可夫假设所带来的限制，因此该模型带来了较大的提升。而相比于模型效果上的提升，更为重要的是循环神经网络在语言模型上的成功应用，让人们看到了神经网络在计算语言学中的曙光，从此之后，计算语言学的学术会议以惊人的速度被神经网络方法占领。

8.3.5　神经机器翻译

循环神经网络在语言建模上的成功应用，启发着人们探索将循环神经网络应用于其他任务的可能性。在众多自然语言处理任务中，与语言建模最相似的就是机器翻译。而将一个语言模型改造为机器翻译模型，人们需要解决的一个问题就是如何将来自源语言的条件概率体现在神经网络架构中。

当时主流的统计机器翻译中的噪声通道模型也许给了研究者们一些启发：如果用一个基于循环神经网络的语言模型给源语言编码，然后用另一个基于循环神经网络的目标端语言模型进行解码，是否可以将这种条件概率表现出来呢？然而如何设计才能将源端编码的信息加入目标端语言模型的条件，答案并不显而易见。我们无从得知神经机器翻译的经典编码器-解码器模型是如何设计得如此自然、简洁，而又效果突出，但这背后一定离不开无数次对各种模型架构的尝试。

2014 年的 EMNLP 上出现了一篇论文：*Learning Phrase Representations Using RNN Encoder-Decoder for Statistical Machine Translation*，是经典的 RNNSearch 模型架构的前身。在这篇论文中，源语言端和目标语言端的两个循环神经网络是由一个"上下文向量" $\boldsymbol{c}$ 联系起来的。

还记得 8.3.4 节中提到的循环神经网络语言模型吗？如果将所有权值矩阵和向量简略为 $\boldsymbol{\theta}$，所有线性及非线性变换简略为 $g(\cdot)$，那么它就具有这样的形式：

$$P(y_t \mid y_1, y_2, \cdots, y_{t-1}) = g(y_{t-1}, s_{t-1}; \boldsymbol{\theta})$$

如果在条件概率中加入源语言句子成为翻译模型 $P(y_t \mid y_1, y_2, \cdots, y_{t-1} \mid x_1, x_2, \cdots, x_n)$，神经网络中对应地就应该加入代表 $x_1, x_2, \cdots, x_n$ 的信息。这种信息如果用一个定长向量 $\boldsymbol{c}$ 表示的话，模型就变成了 $g(y_{t-1}, s_{t-1}, \boldsymbol{c}; \boldsymbol{\theta})$，这样就可以把源语言的信息在网络架构中表达出来了。

可是一个定长的向量 $\boldsymbol{c}$ 又怎么才能包含源语言一个句子的所有信息呢？循环神经网络天然地提供了这样的机制：这个句子如果像语言模型一样逐词输入循环神经网络中，就会不断更新隐状态，隐状态中实际上就包含所有输入过的词的信息。到整个句子输入完成，得到的最后一个隐状态就可以用于表示整个句子。

基于这个思想，Cho 等人设计出了最基本的编码器-解码器模型（如图 8.5 所示）。所谓编码器，就是一个将源语言句子编码的循环神经网络：

$$h_t = f(x_t, h_{t-1})$$

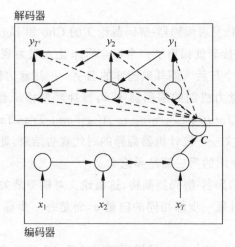

图 8.5 编码器-解码器架构

其中，$f(\cdot)$ 是 8.3.3 节中介绍的门限循环神经网络，x_t 是源语言的当前词，h_{t-1} 是编码器的前一个隐状态。当整个长度为 m 的句子结束，就将得到的最后一个隐状态作为上下文向量：

$$c = h_m$$

解码器一端也是一个类似的网络：

$$s_t = g(y_{t-1}, s_{t-1})$$

其中，$g(\cdot)$ 是与 $f(\cdot)$ 具有相同形式的门限循环神经网络，y_{t-1} 是前一个目标语言的词，s_{t-1} 是前一个解码器隐状态。更新解码器的隐状态之后，就可以预测目标语言句子的下一个词：

$$P(y = y_t \mid y_1, y_2, \cdots, y_{t-1}) = \text{softmax}(y_t, s_t, c)$$

这种方法打开了双语/多语任务上神经网络架构的新思路，但是其局限也是非常突出的：一个句子不管多长，都被强行压缩到一个固定不变的向量上。可想而知，源语言句子越长，压缩过程丢失的信息就越多。事实上，当这个模型处理 20 词以上的句子时，模型效果就迅速退化。此外，越靠近句子末端的词，进入上下文向量的信息就越多，而越前面的词，其信息就越加被模糊和淡化。这是不合理的，因为在产生目标语言句子的不同部分时，需要来自源语言句子不同部分的信息，而并不是只盯着源语言句子最后几个词看。

这时候，人们想起了统计机器翻译中一个非常重要的概念——词对齐模型。能不能在神经机器翻译中也引入类似的词对齐的机制呢？如果可以，在翻译的时候就可以选择性地加入只包含某一部分词信息的上下文向量。这样一来，就避免了将整句话压缩到一个向量的信息损失，而且可以动态地调整所需的源语言信息。

统计机器翻译中的词对齐是一个二元的、离散的概念，即源语言词与目标语言词要么对齐，要么不对齐（尽管这种对齐是多对多的关系）。但是正如本章开头提到的那样，神经网络是一个处理连续浮点值的函数，词对齐需要经过一定的变通才能结合到神经网络中。

2014年刚在 EMNLP 发表编码器-解码器论文的 Cho 和 Bengio,和当时 MILA 实验室的博士生 Bahdanau 紧接着就提出了一个至今看来让人叹为观止的精巧设计——软性词对齐模型,并给了它一个日后人们耳熟能详的名字——注意力机制。

这篇描述加入了注意力机制的编码器-解码器神经网络机器翻译的论文以 *Neural Machine Translation by Jointly Learning to Align and Translate* 发表在 2015 年 ICLR 上,成为一篇划时代的论文——统计机器翻译的时代宣告结束,此后尽是神经机器翻译的天下。这就是本章所要介绍的第三篇经典论文。

相对于 EMNLP 的编码器-解码器架构,这篇论文对模型最关键的更改在于上下文向量。它不再是一个解码时每一步都相同的向量 c,而是每一步都根据注意力机制来调整的动态上下文向量 c_t。

注意力机制,顾名思义,就是一个目标语言词对于一个源语言词的注意力。这个注意力是用一个浮点数值来量化的,并且是归一化的,也就是说,对于源语言句子的所有词的注意力加起来等于1。

那么在解码进行到第 t 个词的时候,怎么来计算目标语言词 y_t 对源语言句子第 k 个词的注意力呢? 方法很多,可以用点积、线性组合,等等。以线性组合为例:

$$Ws_{t-1} + Uh_k$$

加上一些变换,就得到一个注意力分数:

$$e_{t,k} = \boldsymbol{v}\tanh(Ws_{t-1} + Uh_k)$$

然后通过 softmax() 函数将这个注意力分数归一化:

$$a_t = \text{softmax}(e_t)$$

于是,这个归一化的注意力分数就可以作为权值,将编码器的隐状态加权求和,得到第 t 时步的动态上下文向量:

$$c_t = \sum_k a_{t,k}h_k$$

这样,注意力机制就自然地被结合到了解码器中:

$$P(y = y_t \mid y_1, y_2, \cdots, y_{t-1}) = \text{softmax}(y_t, s_t, \boldsymbol{c}_t)$$

之所以说这是一种软性的词对齐模型,是因为可以认为目标语言的词不再是 100% 或 0% 对齐到某个源语言词上,而是以一定的比例,例如 60% 对齐到这个词上,40% 对齐到那个词上,这个比例就是所说的归一化的注意力分数。

这个基于注意力机制的编码器-解码器模型(如图 8.6 所示),不只适用于机器翻译任务,还普遍地适用于从一个序列到另一个序列的转换任务。例如,在文本摘要中,可以认为是把一段文字"翻译"成较短的摘要,诸如此类。因此,作者给它起的本名 RNNSearch 在机器翻译以外的领域并不广为人知,而是被称为 Seq2Seq(sequence-to-sequence,序列到序列)。

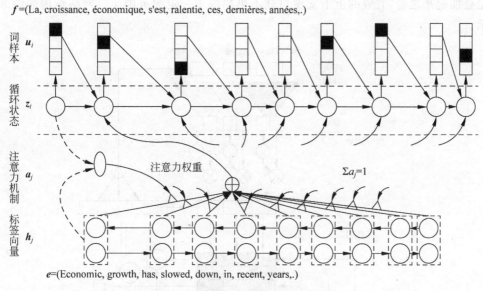

图 8.6 RNNSearch 中的注意力机制

8.4 基于卷积神经网络的架构

虽然卷积神经网络一直没能成为自然语言处理领域的主流网络架构,但一些基于卷积神经网络的架构也曾经被探索和关注过。这里简单地介绍一个例子——卷积序列到序列(ConvSeq2Seq)。

很长一段时间里,循环神经网络都是自然语言处理领域的主流框架:它自然地符合了序列处理的特点,而且积累了多年以来探索的训练技巧,使得总体效果不错。但它的弱点也是显而易见的:循环神经网络中,下一时步的隐状态总是取决于上一时步的隐状态,这就使得计算无法并行化,而只能逐时步地按顺序计算。

在这样的背景之下,人们提出了使用卷积神经网络来替代编码器-解码器架构中的循环单元,使得整个序列可以同时被计算。但是,这样的方案也有它固有的问题:首先,卷积神经网络只能捕捉到固定大小窗口的上下文信息,这与想要捕捉序列中长距离依赖关系的初衷背道而驰;其次,循环依赖被取消后,如何在建模中捕捉词与词之间的顺序关系也是一个不能绕开的问题。

在 *Convolutional Sequence to Sequence Learning* 一文中,作者通过网络架构上巧妙的设计,缓解了上述两个问题。首先,在词向量的基础上加入一个位置向量,以此让网络知道词与词之间的顺序关系。对于固定窗口的限制,作者指出,如果把多个卷积层叠加在一起,那么有效的上下文窗口就会大大增加。例如,原本的左右两边的上下文窗口都是5,如果两层卷积叠加到一起的话,第2个卷积层第 t 个位置的隐状态就可以通过卷积接收到来自第1个卷积层第 $t+5$ 个位置隐状态的信息,而第1个卷积层第 $t+5$ 个位置的隐状态又可以通过卷积接收到来自输入层第 $t+10$ 个位置的词向量信息。这样当多个卷积层叠加起来之后，有效的上下文窗口就不再局限于一定的范围了。网络结构如图 8.7 所示。

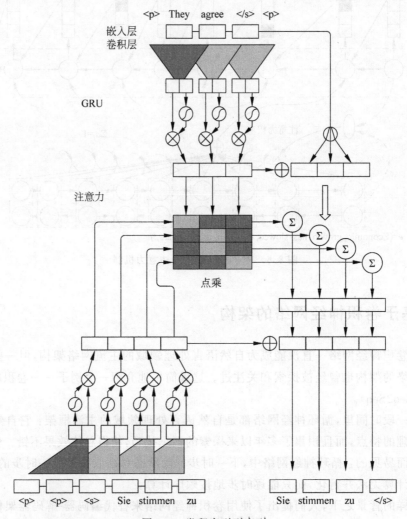

图 8.7　卷积序列到序列

整体网络架构仍旧采用带有注意力机制的编码器-解码器架构。

输入：网络的输入为词向量与位置向量的逐元素相加。在这里，词向量与位置向量都是网络中可训练的参数。

卷积与非线性变换单元：在编码器和解码器中，卷积层与非线性变换组成的单元多层叠加。在一个单元中，卷积首先将上一层的输入投射成为维度两倍于输入的特征矩阵，然后将这个特征矩阵切分成两份 $Y=[AB]$。B 被用于计算门限，以控制 A 流向下一层的信息：

$$v([AB])=A\odot\sigma(B)$$

其中，$\odot$ 表示逐元素相乘。

多步注意力：与 RNNSearch 的注意力稍有不同，多步注意力计算的是解码器状态相对于编码器状态的注意力和输入向量的注意力（而不仅是对编码器状态的注意力）。这使得来自底层的输入信息可以直接被注意力获得。

8.5 基于 Transformer 的架构

2014—2017 年，基于循环神经网络的 Seq2Seq 在机器翻译以及其他序列任务上占据了绝对的主导地位，编码器-解码器架构以及注意力机制的各种变体被研究者反复探索。尽管循环神经网络不能并行计算是一个固有的限制，但似乎一些对于可以并行计算的网络架构的探索并没有取得在模型效果上特别显著的提升（例如 8.4 节所提及的 ConvSeq2Seq）。

卷积神经网络在效果上总体比不过循环神经网络是有原因的：不管怎样设计卷积单元，它所吸收的信息永远是来自一个固定大小的窗口。这就使得研究者陷入了两难的尴尬境地：循环神经网络缺乏并行能力，卷积神经网络不能很好地处理变长的序列。

让我们回到最初的多层感知器时代：多层感知器对于各神经元是并行计算的。但是那个时候，多层感知器对句子进行编码效果不理想的原因如下。

（1）如果所有的词向量都共享一个权值矩阵，那么就无从知道词之间的位置关系。

（2）如果给每个位置的词向量使用不同的权值矩阵，由于全连接的神经网络只能接收固定长度的输入，这就导致了 8.2 节中所提到的语言模型只能取固定大小窗口里的词作为输入。

（3）全连接层的矩阵相乘计算开销非常大。

（4）全连接层有梯度消失和梯度爆炸的问题，使得网络难以训练，在深层网络中抽取特征的效果也不理想。

（5）随着深度神经网络火速发展了几年，各种方法和技巧都被开发和探索，使得上述问题被逐一解决。

ConvSeq2Seq 中的位置向量为表示词的位置关系提供了可并行化的可能性：从前只能依赖于循环神经网络按顺序展开的时步来捕捉词的顺序，现在由于有了不依赖于前一个时步的位置向量，就可以并行地计算所有时步的表示而不丢失位置信息；注意力机制的出现，使得变长的序列可以根据注意力权重来对序列中的元素加权平均，得到一个定长的向量；而这样的加权平均又比简单的算术平均能保留更多的信息，最大程度上避免了压缩所带来的信息损失。

由于一个序列通过注意力机制可以被有效地压缩成为一个向量，在进行线性变换的时候，矩阵相乘的计算量就大大减少了。

在横向（沿时步展开的方向）上，循环单元中的门限机制有效地缓解了梯度消失以及梯度爆炸的问题；在纵向（隐藏层叠加的方向）上，计算机视觉中的残差连接网络提供了非常好的解决思路，使得深层网络叠加后的训练成为可能。

于是，在 2017 年年中的时候，Google 在 NIPS 上发表的一篇思路大胆、效果突出的论文，翻开了自然语言处理的新一页。这篇论文就是本章要介绍的最后一篇划时代的经典论文：*Attention Is All You Need*。这篇文章发表后不到一年时间里，曾经如日中天的各种循环神经网络模型悄然淡出，基于 Transformer 架构的模型横扫各项自然语言处理任务。

在这篇论文中，作者提出了一种全新的神经机器翻译网络架构——Transformer。它仍然沿袭了 RNNSearch 中的编码器-解码器框架。只是这一次，所有的循环单元都被取消了，取而代之的是可以并行的 Transformer 编码器单元/解码器单元。

这样一来，模型中就没有了循环连接，每一个单元的计算就不需要依赖于前一个时步的单元，于是代表这个句子中每一个词的编码器单元/解码器单元理论上都可以同时计算。可想而知，这个模型在计算效率上能比循环神经网络快一个数量级。

但是需要特别说明的是，由于机器翻译这个概率模型仍是自回归的，即翻译出来的下一个词还是取决于前面翻译出来的词：

$$P(y_t \mid y_1, y_2, \cdots, y_{t-1})$$

因此，虽然编码器在训练、解码的阶段，以及解码器在训练阶段可以并行计算，解码器在解码阶段的计算仍然要逐词进行解码。但即便是这样，计算的速度已经大大增加。

下面将先详细介绍 Transformer 各部件的组成及设计，然后讲解组装起来后的 Transformer 如何工作。

8.5.1　多头注意力

正如这篇论文的名字所体现的，注意力在整个 Transformer 架构中处于核心地位。

在 8.3.5 节中，注意力一开始被引入神经机器翻译是以软性词对齐机制的形式。对于注意力机制一个比较直观的解释是：某个目标语言词对于每一个源语言词具有多少注意力。如果把这种注意力的思想抽象一下就会发现，其实可以把这个注意力的计算过程当成一个查询的过程：假设有一个由一些键-值对组成的映射，给出一个查询，根据这个查询与每个键的关系，得到每个值应得到的权重，然后把这些值加权平均。在 RNNSearch 的注意力机制中，查询就是这个目标词，键和值是相同的，是源语言句子中的词。

如果查询、键、值都相同呢？直观地说，就是一个句子中的词对于句子中其他词的注意力。在 Transformer 中，这就是自注意力机制。这种自注意力可以用来对源语言句子进行编码，由于每个位置的词作为查询时，查到的结果是这个句子中所有词的加权平均结果，因此这个结果向量中不仅包含它本身的信息，还含有它与其他词的关系信息。这样就具有了和循环神经网络类似的效果——捕捉句子中词的依赖关系。它甚至比循环神经网络在捕捉长距离依赖关系中做得更好，因为句中的每一个词都有和其他所有词直接连接的机会，而循环神经网络中距离远的两个词之间只能隔着许多时步传递信号，每一个时步都会减弱这个信号。

形式化地，如果用 Q 表示查询，K 表示键，V 表示值，那么注意力机制无非就是关于它们的一个函数：

$$\text{Attention}(Q, K, V)$$

在 RNNSearch 中，这个函数具有的形式是：

$$\text{Attention}(Q, K, V) = \text{softmax}([v\tanh(WQ + UK)]^{\text{T}}V)$$

也就是说，查询与键中的信息以线性组合的形式进行了互动。

那么其他的形式是否会有更好的效果呢？在实验中，研究人员发现简单的点积比线

性组合更为有效,即

$$QK^{\mathrm{T}}$$

不仅如此,矩阵乘法可以在实现上更容易优化,使得计算可以加速,并且也更加节省空间。但是点积带来了新的问题:由于隐藏层的向量维度 d_k 很高,点积会得到比较大的数字,这使得 softmax() 函数的梯度变得非常小。在实验中,研究人员把点积进行放缩,乘以一个因子 $\dfrac{1}{\sqrt{d_k}}$,有效地缓解了这个问题:

$$\mathrm{Attention}(Q,K,V) = \mathrm{softmax}\left(\frac{QK^{\mathrm{T}}}{\sqrt{d_k}}\right)$$

到目前为止,注意力机制计算出来的只有一组权重。可是语言是一种高度抽象的表达系统,包含着各种不同层次和不同方面的信息,同一个词也许在不同层次上就应该具有不同的权重。怎样来抽取这种不同层次的信息呢?Transformer 有一个非常精巧的设计——多头注意力,其结构如图 8.8 所示。

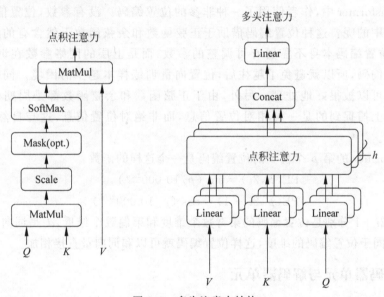

图 8.8 多头注意力结构

多头注意力首先使用 n 个权值矩阵把查询、键、值分别进行线性变换,得到 n 套这样的键值查询系统,然后分别进行查询。由于权值矩阵是不同的,每一套键值查询系统计算出来的注意力权重就不同,这就是所谓的多个"注意力头"。最后,在每套系统中分别进行我们所熟悉的加权平均,然后在每个词的位置上把所有注意力头得到的加权平均向量拼接起来,得到总的查询结果。

在 Transformer 的架构中,编码器单元和解码器单元各有一个基于多头注意力的自注意力层,用于捕捉一种语言的句子内部词与词之间的关系。如前文所述,这种自注意力中查询、键、值是相同的。我们留意到,在目标语言一端,由于解码是逐词进行的,自注意力不可能注意到当前词之后的词,因此解码器端的注意力只注意当前词之前的词,这在训练阶段是通过掩码机制实现的。

而在解码器单元中，由于是目标语言端，它需要来自源语言端的信息，因此还有一个解码器对编码器的注意力层，其作用类似于 RNNSearch 中的注意力机制。

8.5.2　非参位置编码

在 ConvSeq2Seq 中，作者引入了位置向量来捕捉词与词之间的位置关系。这种位置向量与词向量类似，都是网络中的参数，是在训练中得到的。

但是这种将位置向量参数化的做法的缺点也非常明显。我们知道句子都是长短不一的，假设大部分句子至少有 5 个词以上，只有少部分句子超过 50 个词，那么第 1～5 个位置的位置向量训练样例就非常多，第 51 个词之后的位置向量可能在整个语料库中都见不到几个训练样例。这也就是说，越往后的位置，有词的概率越低，训练就越不充分。由于位置向量本身是参数，数量是有限的，因此超出最后一个位置的词无法获得位置向量。例如训练的时候，最长句子长度设置为 100，那么就只有 100 个位置向量，如果在翻译中遇到长度是 100 以上的句子就只能截断了。

在 Transformer 中，作者使用了一种非参的位置编码。没有参数，位置信息是怎么编码到向量中的呢？这种位置编码借助于正弦函数和余弦函数天然含有的时间信息。这样一来，位置编码本身不需要有可调整的参数，而是上层的网络参数在训练中调整适应于位置编码，所以就避免了越往后，位置向量训练样本越少的困境。同时，任何长度的句子都可以被很好地处理。另外，由于正弦函数和余弦函数都是周期循环的，位置编码实际上捕捉到的是一种相对位置信息，而非绝对位置信息，这与自然语言的特点非常契合。

Transformer 的第 p 个位置的位置编码是一个这样的函数。

$$PE(p,2i) = \sin(p/10\,000^{2i/d})$$
$$PE(p,2i+1) = \cos(p/10\,000^{2i/d})$$

其中，$2i$ 和 $2i+1$ 分别是位置编码的第奇数个维度和第偶数个维度，d 是词向量的维度，这个维度等同于位置编码的维度，这样位置编码就可以和词向量直接相加。

8.5.3　编码器单元与解码器单元

在 Transformer 中，每个词都会被堆叠起来的一些编码器单元所编码。Transformer 的结构如图 8.9 所示，一个编码器单元中有两层，第一层是多头的自注意力层，第二层是全连接层，每一层都加上了残差连接和层归一化。这是一个非常精巧的设计，注意力与全连接的组合给特征抽取提供了足够的自由度，而残差连接和层归一化又让网络参数更加容易训练。

编码器就是由许许多多这样相同的编码器单元所组成：每个位置都有一个编码器单元栈，编码器单元栈中都是多个编码器单元堆叠而成。在训练和解码的时候，所有位置上编码器单元栈并行计算，相比于循环神经网络而言大大提高了编码的速度。

解码器单元也具有与编码器单元类似的结构。所不同的是，解码器单元比编码器单元多了一个解码器对编码器注意力层。另一个不同之处是解码器单元中的自注意力层加入了掩码机制，使得前面的位置不能注意后面的位置。

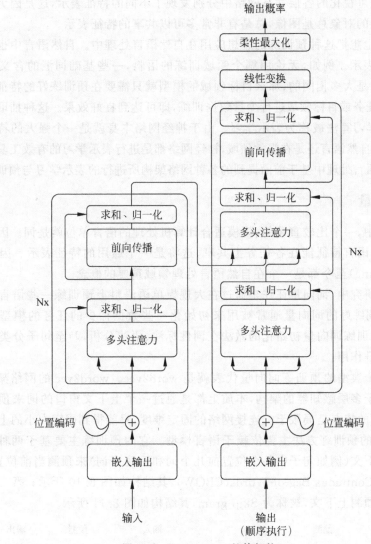

图 8.9 Transformer 整体架构

与编码器相同,解码器也是由包含堆叠的解码器单元栈所组成。训练的时候所有的解码器单元栈都可以并行计算,而解码的时候则按照位置顺序执行。

8.6 表示学习与预训练技术

在计算机视觉领域,一个常用的提升训练数据效率的方法就是通过把一些在ImageNet 或其他任务上预训练好的神经网络层共享应用到目标任务上,这些被共享的网络层被称为 backbone。使用预训练的好处在于,如果某项任务的数据非常少,但它和其他任务有相似之处,就可以利用在其他任务中学习到的知识,从而减少对某一任务专用标注数据的需求。这种共享的知识往往是某种通用的常识,例如,在计算机视觉的网络模型中,研究者们从可视化的各层共享网络中分别发现了不同的特征表示,这是因为不管是什么任务,要处理的对象总是图像,总是有非常多可以共享的特征表示。

研究者们也想把这种预训练的思想应用在自然语言处理中。自然语言中也有许多可以共享的特征表示。例如,无论用哪个领域训练的语料,一些基础词汇的含义总是相似的,语法结构总是大多相同的,那么目标领域的模型就只需要在预训练好的特征表示的基础上针对目标任务或目标领域进行少量数据训练,即可达到良好效果。这种抽取可共享特征表示的机器学习算法被称为表示学习。由于神经网络本身就是一个强大的特征抽取工具,因此不管在自然语言还是在视觉领域,神经网络都是进行表示学习的有效工具。本节将简要介绍自然语言处理中基于前面提到的各种网络架构所进行的表示学习与预训练技术。

8.6.1 词向量

自然语言中,一个比较直观的、规模适合计算机处理的语言单位就是词。因此非常自然地,如果词的语言特征能在各任务上共享,这将是一个通用的特征表示。因此词嵌入（word embedding）至今都是一个在自然语言处理领域重要的概念。

在早期的研究中,词向量往往是通过在大规模单语语料上预训练一些语言模型得到的;而这些预训练好的词向量通常被用来初始化一些数据稀少的任务的模型中的词向量,这种利用预训练词向量初始化的做法在词性标注、语法分析,乃至句子分类中都有着明显的效果提升作用。

早期的一个典型的预训练词向量代表就是 word2vec。word2vec 的网络架构是 8.2节中介绍的基于多层感知器的架构,本质上都是通过一个上下文窗口的词来预测某一个位置的词,它们的特点是局限于全连接网络的固定维度,只能得到固定大小的上下文。

word2vec 的预训练方法主要依赖于语言模型。它的预训练主要基于两种思想:第一种是通过上下文（例如句子中某个位置前几个词和后几个词）来预测当前位置的词,这种方法被称为 Contiuous Bag-of-Words（CBOW）,其结构如图 8.10 所示;第二种方法是通过当前词来预测上下文,被称为 Skip-gram,其结构如图 8.11 所示。

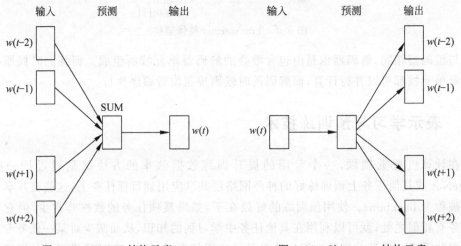

图 8.10　CBOW 结构示意　　　　　　图 8.11　Skip-gram 结构示意

　　这种预训练技术被证明是有效的：一方面，使用 word2vec 作为其他语言任务的词嵌入初始化成为一项通用的技巧；另一方面，word2vec 词向量的可视化结果表明，它确实学习到了某种层次的语义（例如图 8.12 中的国家-首都关系）。

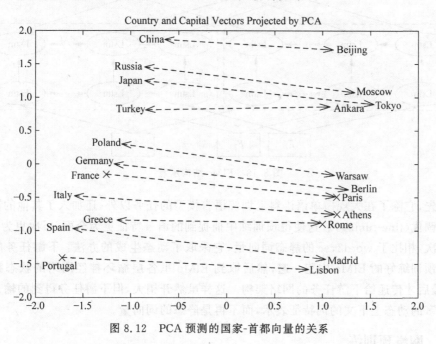

图 8.12　PCA 预测的国家-首都向量的关系

8.6.2　加入上下文信息的特征表示

　　在 8.6.1 节中的特征表示有两个明显的不足：首先，它局限于某个词的有限大小窗口中的上下文，这限制了它捕捉长距离依赖关系的能力；其次，它的每个词向量都是在预训练之后就被冻结了的，而不会根据使用时的上下文改变，而自然语言一个非常常见的特征就是多义词。

　　在 8.3 节中提到，加入长距离上下文信息的一个有效办法就是基于循环神经网络的架构；如果在下游任务中利用这个架构根据上下文实时生成特征表示，那么就可以在相当程度上缓解多义词的局限。在这种思想下利用循环神经网络来获得动态上下文的工作不少，例如 CoVe、Context2Vec、ULMFiT 等。其中，较为简捷有效而又具有代表性的就是 ElMo。

　　循环神经网络使用的一个常见技巧就是双向循环单元：包括 ElMo 在内的这些模型都采取了双向的循环神经网络（BiLSTM 或 BiGRU），通过将一个位置的正向和反向的循环单元状态拼接起来，可以得到这个位置的词带有上下文的词向量（context-aware）。ElMo 的结构如图 8.13 所示。循环神经网络使用的另一个常见技巧就是网络层叠加，下一层的网络输出作为上一层的网络输入，或者所有下层网络的输出作为上一层网络的输入，这样做可以使重要的下层特征易于传到上层。

　　除了把双向多层循环神经网络利用到极致以外，ElMo 相比于早期的词向量方法还有其他关键改进。

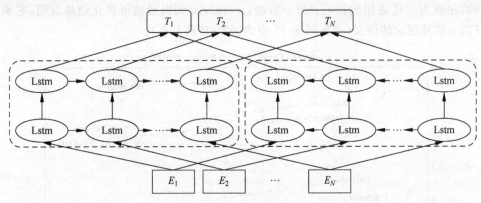

图 8.13　ElMo 结构示意

　　首先,它除了在大规模单语语料上训练语言模型的任务以外,还加入了其他的训练任务用于调优(fine-tuning)。这使得预训练中捕捉到的语言特征更为全面,层次更为丰富。

　　其次,相比于 word2vec 的静态词向量,它采取了动态生成的办法:下游任务的序列先拿到预训练好的 ElMo 中跑一遍,然后取到 ElMo 里各层循环神经网络的状态拼接在一起,最后才传递给下游任务的网络架构。这样虽然开销大,但下游任务得到的输入就是带有丰富的动态上下文的词特征表示,而不再是静态的词向量。

8.6.3　网络预训练

　　前面所介绍的预训练技术的主要思想还是特征抽取(feature extraction),通过使用更为合理和强大的特征抽取器,尽可能地使之抽取到的每个词的特征变深(多层次的信息)和变宽(长距离依赖信息),然后将这些特征作为下游任务的输入。

　　那么是否可以像计算机视觉中的"backbone"那样,不仅局限于抽取特征,还将抽取特征的 backbone 网络层整体应用于下游任务呢? 答案是肯定的。在 8.5 节中介绍的Transformer 网络架构的诞生,使得各种不同任务都可以非常灵活地被一个通用的架构建模:可以把所有自然语言处理任务的输入都看成序列。如图 8.14 所示,只要在序列的特定位置加入特殊符号,由于 Transformer 具有等长序列到序列的特点,并且经过多层叠加之后序列中各位置信息可以充分交换和推理,特殊符号处的顶层输出可以被看作包含整个序列(或多个序列)的特征,并用于各项任务。例如句子分类,就只需要在句首加入一个特殊符号 cls,经过多层 Transformer 叠加之后,句子的分类信息收集到句首 cls 对应的特征向量中,这个特征向量就可以通过仿射变换然后正则化,得到分类概率。多句分类、序列标注也是类似的方法。

　　Transformer 这种灵活的结构使得它除了顶层的激活层网络以外,下层所有网络可以被多种不同的下游任务共用。举一个也许不太恰当的比喻,它就像图像任务中的ResNet 等 backbone 一样,作为语言任务的 backbone 在大规模高质量的语料上训练好之后,或通过调优,或通过 Adapter 方法,直接被下游任务所使用。这种网络预训练的方法,被最近非常受欢迎的 GPT 和 BERT 所采用。

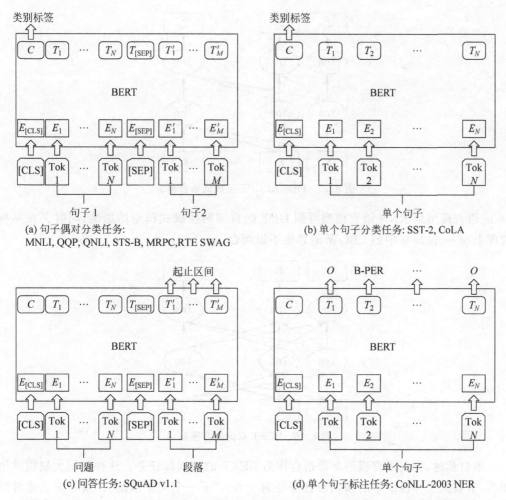

(a) 句子偶对分类任务:
MNLI, QQP, QNLI, STS-B, MRPC, RTE SWAG

(b) 单个句子分类任务: SST-2, CoLA

(c) 问答任务: SQuAD v1.1

(d) 单个句子标注任务: CoNLL-2003 NER

图 8.14　Transformer 通过在序列中加入特殊符号将所有自然语言任务的输入用序列表示

GPT（generative pretrained transformer），如其名称所指（如图 8.15 所示），其本质是生成式语言模型（generative language model）。由于生成式语言模型的自回归（auto-regressive）特点，GPT 是我们非常熟悉的传统的单向语言模型，"预测下一个词"。GPT 在语言模型任务上训练好之后，就可以针对下游任务进行调优了。由于前面提到 Transformer 架构灵活，GPT 几乎可以适应任意的下游任务。对于句子分类来说，输入序列是原句加上首尾特殊符号；对于阅读理解来说，输入序列是"特殊符号＋原文＋分隔符＋问题＋特殊符号"；依此类推。因而 GPT 不需要太大的架构改变，就可以方便地针对各项主流语言任务进行调优，刷新了许多记录。

BERT（Bi-directional encoder representations from transformer）如其名称所指（如图 8.16 所示），是一个双向的语言模型。这里指的双向语言模型，并不是像 ElMo 那样把正向和反向两个自回归生成式结构叠加，而是利用了 Transformer 的等长序列到序列的特点，把某些位置的词掩盖（mask），然后让模型通过序列未被掩盖的上下文来预测被掩盖的部分。这种掩码语言模型（masked language model）的思想非常巧妙，突破了从 n-

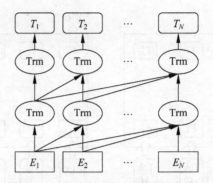

图 8.15　OpenAI GPT 生成式语言模型

gram 语言模型到 RNN 语言模型再到 GPT 的自回归生成式模型的思维，同时又在某种
程度上与 word2vec 中的 CBOW 的思想不谋而合。

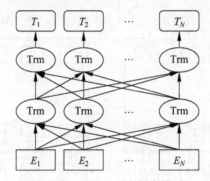

图 8.16　BERT 双向语言模型

很自然地，掩码语言模型非常适合作为 BERT 的预训练任务。这种利用大规模单语
语料，节省人工标注成本的预训练任务还有一种："下一个句子预测"。读者应当非常熟
悉，之前所有的经典语言模型，都可以看作是"下一个词预测"，而"下一个句子预测"就是
在模型的长距离依赖关系捕捉能力和算力都大大增强的情况下，很自然地发展出来的
方法。

BERT 预训练好之后，应用于下游任务的方式与 GPT 类似，也是通过加入特殊符号
来针对不同类别的任务构造输入序列。

以 Transformer 为基础架构，尤其是采取 BERT 类似预训练方法的各种模型变体，
在学术界和工业界成为最前沿的模型，不少相关的研究都围绕着基于 BERT 及其变种的
表示学习与预训练展开。例如，共享的网络层参数应该是预训练好就予以固定（freeze），
然后用 Adapter 方法在固定参数的网络层基础上增加针对各项任务的结构，还是应该让
共享网络层参数也可以根据各项任务调优？如果是后一种方法，那么，哪些网络层应该解
冻（defreeze）调优？解冻的顺序应该是怎样的？这些预训练技术迭代后，都将是热门的研
究课题。

第2部分 实 战 篇

第2部分　实　践　篇

第 **9** 章

视频讲解

基于YOLO V3的安全帽佩戴检测

本章将提供一个利用深度学习检测是否佩戴安全帽的案例,从而展示计算机视觉中的目标识别问题的一般流程。目标检测是基于图片分类的计算机视觉任务,既包含了分类,又包含了定位。给出一张图片,目标检测系统要能够识别出图片的目标并给出其位置。由于图片中目标数是不确定的,且要给出目标的精确位置,目标检测相比分类任务更复杂,所以也有更多的使用场景,如无人驾驶、智慧安防、工业安全、医学图像等方面。而本案例就是工业安全领域的一个应用,也可移植到其他的目标检测任务。

9.1 数据准备

在一个项目开始时,首先需要明确最终的目标,然后对目标分解,并根据不同目标执行不同的实现方案。本案例较为容易分解出实现目标和实现方式,即通过深度学习中常用的目标检测方法对收集到的图片进行学习,从而得到可以用于结果推断的模型参数。基于这样的目标和方法,首先就需要进行数据收集、处理,然后选择合适的模型以及实现模型的框架。

9.1.1 数据采集与标注

数据采集和标注是很重要但繁杂的基础工作,是整个工程的很重要的一个环节。本案例中的数据主要是图片,而图片的选择和标注的质量往往决定着模型的精度,有时候质量太差的数据会导致模型无法收敛。

一般来说,采集图片可以借助于搜索引擎、在实际的业务场景的拍摄和借助已有的数据集三种方式。这些方式各有特点,很多时候需要结合这些方式来完成图片的采集。借助搜索引擎采集的图片在尺寸、内容上会更加丰富,这也意味着会对模型的泛化能力要求更高，但是采集相对简单，可以通过写爬虫的方式进行。而来自实际业务场景的图片或者视频则需要消耗人力和物力去拍摄，而且为了适应不同的时间和地点，拍摄前的规划也是很重要的。这种采集后的图片往往质量较高，规格较为统一，对后续的标注和训练也有很大的帮助。而最常用的一种就是借助已有的数据集，尤其是进行一些小的测试或者试验时。已有的数据集也有不同的类型，包括一些大的计算机视觉比赛发布的数据集，如PASCAL VOC、COCO 数据集；还有一些人工智能公司发布的数据集，如旷世联合北京智源发布的 Objects 365 数据集；还有个人采集标记的数据集等。不同类型的数据集的质量和数量是不同的，所以要优先选择质量较高的数据集。而且在实际应用时，很有可能只是抽取其中一部分，或者进行二次加工。

通过爬虫获取到的图片，由于图片质量、尺寸、是否包含检测目标等原因，一般是不能直接拿来用的，所以需要对获取到的图片进行过滤处理。当然，通过人工筛选的方式是可以的，但是如果图片数量过于大，就会耗时耗力，所以也可以用一些自动化脚本来进行处理。例如：利用已经训练好的成熟的分类模型对图片进行相似度判断，从而去除相似的图片；利用已经训练好的成熟的人体检测模型去除不包含人的图片等。

【小技巧】 在使用爬虫获取图片时，一方面可以通过多线程的方式加快爬取速度，另一方面可在设置搜索关键词时只用"安全帽"这样的关键词是不够的，可以多设置一些类似"建筑工地""建筑工人"等，以扩大搜索范围。而在对图片进行标注时，可以先标注一部分，然后根据这一小部分图片训练出一个粗糙模型，然后使用这个粗糙模型对剩下未标注的图片进行自动标注，然后再进行人工调整，这样会节省较多时间。

本案例使用的个人在 GitHub 上开源的安全帽检测数据集，详见前言二维码。该数据集共 7581 张图片，包含 9044 个佩戴安全帽的标注（正类），以及 111514 个未佩戴安全帽的标注（负类）。正类图片主要通过搜索引擎获取，负类图片一部分来自 SCUT-HEAD 数据集。所有的图片用 LabelImg 工具标注出目标区域及类别，包含两个类别标签：hat 表示佩戴安全帽，person 表示普通未佩戴的行人头部。

该数据集采用的是类似 PASCAL VOC 数据集的结构。PASCAL VOC 数据集来自 PASCAL VOC 挑战赛。该挑战赛是由欧盟资助的网络组织的世界级的计算机视觉挑战赛。PASCAL 的英文全称为 Pattern Analysis, Statistical Modelling and Computational Learning。PASCAL VOC 从 2005 年开始举办挑战赛，每年的内容都有所不同，从最开始的分类，到后面逐渐增加检测、分割、人体布局、动作识别等内容，数据集的容量以及种类也在不断地增加。目前，普遍被使用的是 VOC2007 和 VOC2012 数据集两种，虽然是同一类数据集，但是数据并不相容，一般会将两组数据集结合使用。PASCAL VOC 数据集的基本结构代码如下：

```
DataSet
├ Annotations 进行 detection 任务时的标签文件,xml 形式,文件名与图片名一一对应
├ ImageSets 数据集的分割文件
  ├ Main 分类和检测的数据集分割文件
    ├ train.txt 用于训练的图片名称
    ├ val.txt 用于验证的图片名称
    ├ trainval.txt 用于训练与验证的图片的名称
```

```
├ test.txt 用于测试的图片名称
├ Layout 用于 person layout 任务,本案例不涉及
├ Segmentation 用于分割任务,本案例不涉及
├ JPEGImages 存放 .jpg 格式的图片文件
├ SegmentationClass 存放按照 class 分割的图片
└ SegmentationObject 存放按照 object 分割的图片
```

由以上结构可以看出,该数据集以文件名作为索引,使用不同的.txt 文件对图片进行分组,而每张图片的尺寸、目标标注等属性都会保存在.xml 文件中。POSCAL VOC 数据集.xml 文件数据格式示例如图 9.1 所示。对于目标检测任务来说,需要关注的属性就是 filename(图片名称)、size(图片尺寸)、object 标签下的 name(目标类别)和 bnbox(目标的边界框)。

```
<annotation>
    <folder>hat01</folder>
    <filename>000000.jpg</filename>
    <path>D:\dataset\hat01\000000.jpg</path>
    <source>
        <database>Unknown</database>
    </source>
    <size>
        <width>947</width>
        <height>1421</height>
        <depth>3</depth>
    </size>
    <segmented>0</segmented>
    <object>
        <name>hat</name>
        <pose>Unspecified</pose>
        <truncated>0</truncated>
        <difficult>0</difficult>
        <bndbox>
            <xmin>60</xmin>
            <ymin>66</ymin>
            <xmax>910</xmax>
            <ymax>1108</ymax>
        </bndbox>
    </object>
</annotation>
```

图 9.1 POSCAL VOC 数据集.xml 文件数据格式示例

9.1.2 模型选择

在实际的应用中,目标检测模型可以分为以下两种:

一种是 two-stage 类型,即把物体识别和物体定位分为两个步骤,然后分别完成。其典型代表是 R-CNN 系列,包括 R-CNN、Fast R-CNN、Faster-RCNN 等。这一类型的模型相对来说识别错误率较低,漏识别率也较低,但相对速度较慢,无法满足实时检测场景。

为了适应实时检测场景,出现了另一类目标检测模型,即 one-stage 模型。该类型模型的典型代表有 SSD 系列、YOLO 系列、EfficientNet 系列等。这类模型识别速度很快,可以满足实时性要求,而且准确率也基本能达到 Faster R-CNN 的水平。尤其是 YOLO 系列模型,可以一次性预测多个 Box 位置和类别的卷积神经网络,既能够实现端到端的目标检测和识别,同时又能够具有基于该模型的各种变型,适用于各种场景,所以本案例选用 YOLO V3 模型作为实现模型。但是需要注意的是,在实际项目中要根据业务场景进行选择,例如是否要求实时性、是否要在终端设备上等。而且为了得到更好的效果,往往会对多个模型进行尝试,然后进行对比。

9.1.3　数据格式转换

有时候，数据集的格式与模型读取所需要的格式并不相同，所以可以通过写脚本来进行格式转换。类似 PASCAL VOC 类型的数据集，会以目录区分训练数据集、测试数据集等，这种形式不但读取复杂、慢，而且占用磁盘空间较大。而 TFRecord 是 Google 公司官方推荐的一种二进制数据格式，是 Google 公司专门为 TensorFlow 设计的一种数据格式，内部是一系列实现了 Protocol buffers 数据标准的 Example。这样，就可以把数据集存储为一个二进制文件，从而可以不用目录进行区分。同时，这些数据只会占据一块内存，而不需要单独依次加载文件，从而获得更高的效率。所以，需要将 PASCAL VOC 格式的数据转换为 TFRecord 类型的数据。相对应的转换代码和注释如代码清单 9-1所示。

代码清单 9-1

```
1    import os
2    import os
3    import hashlib
4
5    from absl import app, flags, logging
6    from absl.flags import FLAGS
7    import tensorflow as tf
8    import lxml.etree
9    import tqdm
10   from PIL import Image
11
12   # 设置命令行读取的参数
13   flags.DEFINE_string('data_dir', '../data/helmet_VOC2028/',
14                       'path to raw PASCAL VOC dataset')
15   flags.DEFINE_enum('split', 'train', [
16                     'train', 'val'], 'specify train or val spit')
17   flags.DEFINE_string('output_file', '../data/helmet_VOC2028_train—h.tfrecord',
'outpot dataset')
18   flags.DEFINE_string('classes', '../data/helmet_VOC2028.names', 'classes file')
19
20   # 创建 TFRecords 所需要的结构
21   def build_example(annotation, class_map):
22       # 根据 xml 文件名找到对应的 jpg 格式的图片名
23       filename = annotation['xml_filename'].replace('.xml','.jpg',1)
24       img_path = os.path.join(
25           FLAGS.data_dir, 'JPEGImages', filename)
26
27       # 读取图片,可以通过设置大小过滤掉一些比较小的图片
28       image = Image.open(img_path)
29       if image.size[0] < 416 and image.size[1] < 416:
30           print("Image ",filename, " size is less than standard:", image.size )
31           return None
```

```
32
33          img_raw = open(img_path, 'rb').read()
34          key = hashlib.sha256(img_raw).hexdigest()
35          width = int(annotation['size']['width'])
36          height = int(annotation['size']['height'])
37          xmin = []
38          ymin = []
39          xmax = []
40          ymax = []
41          classes = []
42          classes_text = []
43          truncated = []
44          views = []
45          difficult_obj = []
46          # 解析图片中的目标信息
47          if 'object' in annotation:
48              for obj in annotation['object']:
49                  difficult = bool(int(obj['difficult']))
50                  difficult_obj.append(int(difficult))
51
52                  xmin.append(float(obj['bndbox']['xmin']) / width)
53                  ymin.append(float(obj['bndbox']['ymin']) / height)
54                  xmax.append(float(obj['bndbox']['xmax']) / width)
55                  ymax.append(float(obj['bndbox']['ymax']) / height)
56                  classes_text.append(obj['name'].encode('utf8'))
57                  classes.append(class_map[obj['name']])
58                  truncated.append(int(obj['truncated']))
59                  views.append(obj['pose'].encode('utf8'))
60
61          # 组装 TFRecords 格式
62          example = tf.train.Example(features = tf.train.Features(feature = {
63              'image/height': tf.train.Feature(int64_list = tf.train.Int64List(value =
                    [height])),
64              'image/width': tf.train.Feature(int64_list = tf.train.Int64List(value =
                    [width])),
65              'image/filename': tf.train.Feature(bytes_list = tf.train.BytesList(value =
66                  [annotation['filename'].encode('utf8')])),
67              'image/source_id': tf.train.Feature(bytes_list = tf.train.BytesList(value =
68                  [annotation['filename'].encode('utf8')])),
69              # 此处内容有省略
70              ......
71          }))
72          return example
73
74  # 解析 xml 文件
75  def parse_xml(xml):
76      if not len(xml):
77          return {xml.tag: xml.text}
```

```
78      result = {}
79      for child in xml:
80          child_result = parse_xml(child)
81          if child.tag != 'object':
82              result[child.tag] = child_result[child.tag]
83          else:
84              if child.tag not in result:
85                  result[child.tag] = []
86              result[child.tag].append(child_result[child.tag])
87      return {xml.tag: result}
88
89  def main(_argv):
90      # 导入目标分类
91      class_map = {name: idx for idx, name in enumerate(
92          open(FLAGS.classes).read().splitlines())}
93      logging.info("Class mapping loaded: %s", class_map)
94
95      # 生成写 TFRecords 到文件中的对象
96      writer = tf.io.TFRecordWriter(FLAGS.output_file)
97
98      # 读取文件列表
99      image_list = open(os.path.join(
100         FLAGS.data_dir, 'ImageSets', 'Main', '%s.txt' % FLAGS.split)).read().
            splitlines()
101     logging.info("Image list loaded: %d", len(image_list))
102
103     # 循环读取文件、解析并写入 TFRecords 文件中,tqdm.tqdm 用于记录和显示进度
104     for image in tqdm.tqdm(image_list):
105         annotation_xml = os.path.join(
106             FLAGS.data_dir, 'Annotations', image + '.xml')
107         # 解析 xml 结构
108         annotation_xml = lxml.etree.fromstring(open(annotation_xml, encoding = 'utf -
            8').read())
109         annotation = parse_xml(annotation_xml)['annotation']
110         annotation['xml_filename'] = image + '.xml'
111         tf_example = build_example(annotation, class_map)
112         if tf_example is None:
113             print("Failed to bulid example,", annotation['xml_filename'])
114             continue
115         writer.write(tf_example.SerializeToString())
116     writer.close()
117
118  if __name__ == '__main__':
119      app.run(main)
```

处理的逻辑相对较为简单,就是读取.xml 文件的列表,然后解析.xml 中的信息,并根据.xml 文件的名字找到并读取图片文件,最后将这些信息转换成 TFRecord 格式,写入文件。在代码清单 9-1 中用了几个常用的工具类库,如 absl 是 Google 公司发布的一

个可以用来快速构建 Python 应用的公共类库,其中包含了 flags、logging 等常用功能;tqdm 是一个快速、可扩展的 Python 进度条,可以在 Python 长循环中添加一个进度提示信息;PIL 是 Python 常用的图像处理库,提供了广泛的文件格式支持,具有强大的图像处理能力,主要包括图像储存、图像显示、格式转换以及基本的图像处理操作等。

另外,在完成转换之后,还要检查转换是否成功。检验方法是利用 TensorFlow 的 Dataset 类提供的方法加载 TFRecord 格式的文件,然后从中抽选 1 个或多个图片及对应的信息,将目标检测框加入图片中,然后查看输出的图片是否正常。该部分的代码实现逻辑相对较为简单,详见 visualize_dataset.py 文件。

【提示】 案例所使用的代码可以在 Windows 10 平台或者 Ubuntu 18.04 平台运行。TensorFlow GPU 版本的安装配置可能会复杂一些,建议使用 Anoconda 进行安装,同时建议使用 Conda 创建项目的虚拟环境。

9.2 模型构建、训练和测试

准备好环境和数据后,就需要根据 YOLO V3 模型的结构对模型进行构建,然后导入预训练的参数,使用之前准备好的模型进行迁移学习,最后进行测试。而在模型构建之前,可以先来看一下 YOLO 系列模型的特点以及其不断进化的方面。

9.2.1 YOLO 系列模型

一个目标检测的任务包含分类和目标定位。

(1)分类可以对提取后的特征使用分类模型来完成。

(2)目标定位中最简单的思路其实就是设置不同大小的检测框,然后采用滑动窗口的方式对图片进行从上到下、从左到右的扫描。这样的定位方法虽然很直观,但也存在一个很大的问题。这个问题就是工作量很大,效率很低。这是传统的目标检测方法的做法,而神经网络和深度学习的出现给目标检测带来了新的思路。

首先,特征提取不再是依赖场的人工提取,而是使用神经网络来完成,从而提高模型的准确率,增强泛化能力。目标定位则出现了更多的方法,例如,R-CNN 中所使用的 Region Proposal 方法:选择出数量较少的候选框,这就大大减少了定位的工作量。

虽然这些方法相比于传统方法有了很大的飞跃,但在定位和分类相分离的方式方面还是无法满足目标检测的实时性要求。而为了解决这个问题,YOLO 模型应运而生。

YOLO 模型来自 Joseph Redmon 在 2015 年发表的论文 *You Only Look Once*: *Unified*, *Real-Time Object Detection*。该模型将物体检测作为回归问题,基于一个单独的 end-to-end 网络,完成从原始图像的输入到物体位置和类别的输出,大大提高了目标检测的效率。其对目标进行检测的流程如图 9.2 所示。

从图中可以看到,YOLO 模型会将图片分成 $S \times S$ 个小网格,如果某个物体的中心落在某个小网格中,该网格就会负责预测这个物体。每个网格预测 B 个边界框以及对应的置信值,然后会选择一个置信值较高的。在训练时,模型会将边界框、置信值输出为一个多维向量,然后跟提前标记好的真值进行对比,实现回归。这样的方法相当于提前预置了

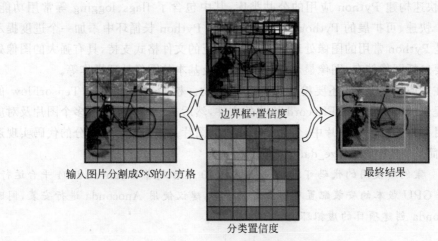

边界框+置信度

输入图片分割成S×S的小方格

最终结果

分类置信度

图 9.2　YOLO 模型目标检测流程

一些固定的候选位置,然后从这些候选位置中找到相应的目标,一步到位,所以速度很快,而且训练也很方便。

在同样的条件下使用 PASCAL VOC 2007 数据集,YOLO 相对于 R-CNN 带来的速度的提升如表 9.1 所示。可以看到,在准确率没有差很多的情况下,YOLO 模型的速度有很大的提升,尤其是 Fast YOLO 模型,处理速度可以达到 155 FPS。当然 YOLO 的缺点也不可忽视,除了准确率会下降之外,每个小网格只负责一个目标,所以一张图片最多检测出 $S \times S$ 个目标,而且如果一个网格中有两个物体的中心就只能检测一个,所以模型不适合小而多的目标检测。而 YOLO 模型也在根据实际的需要进行不断的改进。

表 9.1　YOLO 模型与 R-CNN 系列模型性能对比

检测方法	训　　练	mAP	FPS
100Hz DPM[31]	2007	16.0	100
30Hz DPM[31]	2007	26.1	30
Fast YOLO	2007+2012	52.7	**155**
YOLO	2007+2012	**63.4**	45
Less Than Real-Time			
Fastest DPM[38]	2007	30.4	15
R-CNN Minus R[20]	2007	53.5	6
Fast R-CNN[14]	2007+2012	70.0	0.5
Faster R-CNN VGG-16[28]	2007+2012	73.2	7
Faster R-CNN ZF[28]	2007+2012	62.1	18
YOLO VGG-16	2007+2012	66.4	21

YOLO V2 版本相比于 V1 版本,利用批归一化、Anchor Boxes、多尺度图像训练等方法,在处理速度和准确率上都做了一些提升,而且可以识别更多不同的对象,所以又称之为 YOLO 9000。9000 代表有 9000 种不同的类型。可以从表 9.2 中看到同样在 PASCAL VOC 2007 数据集上的对比。

表 9.2 YOLO V2 模型在准确率和速度上的对比

模　型	训　练	mAP	FPS
Fast R-CNN[5]	2007＋2012	70.0	0.5
Faster R-CNN VGG-16[15]	2007＋2012	73.2	7
Faster R-CNN ResNet[6]	2007＋2012	76.4	5
YOLO[14]	2007＋2012	63.4	45
SSD300[11]	2007＋2012	74.3	46
SSD300[11]	2007＋2012	76.8	19
YOLOV2 288×288	2007＋2012	69.0	91
YOLOV2 352×352	2007＋2012	73.7	81
YOLOV2 416×416	2007＋2012	76.8	67
YOLOV2 480×480	2007＋2012	77.8	59
YOLOV2 544×544	2007＋2012	**78.6**	40

可以看到,YOLO V2 相对于 YOLO V1 更为灵活,支持多种尺寸的输入,而且在准确率领先 Faster R-CNN 的情况下,速度也大幅度领先。而接下来 2018 年发布的 V3 版本借鉴了残差网络结构,形成更深的网络层次,以及多尺度检测,提升了预测的准确率以及小物体检测效果。

当然,研究者们对 YOLO 模型的探索和扩展也在继续,基于 YOLO 模型的变形也在不断涌现,例如,xYOLO、YOLO Nano 等使用更小的模型,更适合在边缘计算中使用。而在实现上,除了官方提供的 Darknet 版本,GitHub 上也有很多基于 TensorFlow、PyTorch 等框架的开源版本,而且一些框架已经较为稳定。

为了缩短开发周期和更好地利用开源社区的资源,本案例选用了 GitHub 上提供的开源实现。具体模型结构相关的实现在 YOLOv3_tf2 目录下,这里不再进行详细介绍。

【提示】 mAP 是多目标检测中的一个重要性能指标,全称为 mean Average Precision,即各类别 AP 的平均值,AP 是 Precision-Recall 曲线下的面积。当然关于性能,并不是只能靠 mAP,甚至在一些特殊的场景下,例如更注重召回率的应用,mAP 是不适用的。

9.2.2　模型训练

在准备好数据集和模型之后,接下来就要进行迁移学习,也就是利用已经训练好的模型和现有的数据进行进一步的学习。可以用 YOLO 官方发布的已经使用 Darknet 训练好的模型参数进行迁移学习,完整的代码如代码清单 9-2 所示。

代码清单 9-2

```
1   # 以上包导入的部分已省略,下面是命令行的参数
2   flags.DEFINE_string('dataset', './data/train.tfrecord', '训练数据集路径')
3   flags.DEFINE_string('val_dataset', './data/val.tfrecord', '验证数据集路径')
4   flags.DEFINE_boolean('tiny', False, '是否使用 Tiny 模型,参数相对更少')
5   flags.DEFINE_string('weights', './checkpoints/YOLOv3.tf', '权重文件路径')
6   flags.DEFINE_string('classes', './data/helmet.names', '分类文件路径')
```

```
7   flags.DEFINE_enum('mode', 'eager_tf', ['fit', 'eager_fit', 'eager_tf'],
8                'fit: 使用 model.fit 训练, eager_fit: 使用 model.fit(run_eagerly = True)训练, '
9                'eager_tf: 自定义 GradientTape')
10  flags.DEFINE_enum('transfer', 'fine_tune',
11              ['none', 'darknet', 'no_output', 'frozen', 'fine_tune'],
12                   'none: 使用随机权重训练,不推荐, '
13                   'darknet: 使用 darknet 训练后的权重进行迁移学习, '
14                   'no_output: 除了输出外都进行迁移学习, '
15                   'frozen: 冻结所有然后进行迁移学习, '
16                   'fine_tune: 只冻结 darnet 的部分进行迁移学习')
17  flags.DEFINE_integer('size', 416, '图片大小')
18  flags.DEFINE_integer('epochs', 100, '训练的轮数')
19  flags.DEFINE_integer('batch_size', 8, '批次大小')
20  flags.DEFINE_float('learning_rate', 1e-3, '学习率')
21  flags.DEFINE_integer('num_classes', 2, '分类数')
22  flags.DEFINE_integer('weights_num_classes', 80, '权重文件中的分类数')
23
24  def main(_argv):
25      if FLAGS.tiny:
26          # 此处省略 tiny 版本的处理流程
27      else:
28          # 创建 YOLO 模型
29          model = YOLOV3(FLAGS.size, training = True, classes = FLAGS.num_classes)
30          anchors = YOLO_anchors
31          anchor_masks = YOLO_anchor_masks
32      # 导入准备好的数据
33      train_dataset = dataset.load_fake_dataset()
34      if FLAGS.dataset:
35          train_dataset = dataset.load_tfrecord_dataset(
36              FLAGS.dataset, FLAGS.classes, FLAGS.size)
37      train_dataset = train_dataset.shuffle(buffer_size = 512)
38      train_dataset = train_dataset.batch(FLAGS.batch_size)
39      train_dataset = train_dataset.map(lambda x, y: (
40          dataset.transform_images(x, FLAGS.size),
41          dataset.transform_targets(y, anchors, anchor_masks, FLAGS.size)))
42      train_dataset = train_dataset.prefetch(
43          buffer_size = tf.data.experimental.AUTOTUNE)
44
45      # 此处省略验证数据集 val_dataset 的读取,和训练数据集类似
46      # 配置模型,用于迁移学习
47      if FLAGS.transfer == 'none':
48          pass
49      elif FLAGS.transfer in ['darknet', 'no_output']:
50          if FLAGS.tiny:
51              # 此处省略 tiny 模型的处理
52          else:
53              model_pretrained = YOLOV3(
54                  FLAGS.size, training = True, classes = FLAGS.weights_num_classes or
                  FLAGS.num_classes)
```

```
55        model_pretrained.load_weights(FLAGS.weights)
56
57        if FLAGS.transfer == 'darknet':
58            model.get_layer('YOLO_darknet').set_weights(
59                model_pretrained.get_layer('YOLO_darknet').get_weights())
60            freeze_all(model.get_layer('YOLO_darknet'))
61
62        elif FLAGS.transfer == 'no_output':
63            ♯ 此处省略不对输出进行迁移学习的部分
64
65    else:
66        ♯ 此处省略其他的处理方式,但需要注意,在其他处理方式中的类型数需要一致
67
68    ♯ 设置优化器和损失函数,其中 YOLOLoss 是自定义的类
69    optimizer = tf.keras.optimizers.Adam(lr = FLAGS.learning_rate)
70    loss = [YOLOLoss(anchors[mask], classes = FLAGS.num_classes)
71            for mask in anchor_masks]
72
73    if FLAGS.mode == 'eager_tf':
74        ♯ 此处省略 Eager 模式,该模式方便调试
75    else:
76        model.compile(optimizer = optimizer, loss = loss,
77                      run_eagerly = (FLAGS.mode == 'eager_fit'))
78
79        callbacks = [
80            ReduceLROnPlateau(verbose = 1),
81            EarlyStopping(patience = 50, verbose = 1),
82            ModelCheckpoint('checkpoints/YOLOv3_helmet_{epoch}.tf',
83                            verbose = 1, save_weights_only = True),
84            TensorBoard(log_dir = 'logs')
85        ]
86
87        model.fit(train_dataset,
88                  epochs = FLAGS.epochs,
89                  callbacks = callbacks,
90                  validation_data = val_dataset)
```

Darknet 是 YOLO V3 发布时使用的网络模型,同时也是 YOLO 官方发布的一个较为轻型的完全基于 C 与 CUDA 的开源深度学习框架。或者也可以用这个框架来训练和预测,不过为了使其具有更好的扩展性,使用 TensorFlow 来实现。而用来做迁移学习的预训练参数是通过 Darknet 框架训练好的,所以导出的参数的格式并不能直接导入 TensorFlow 中,需要进行格式转换才可导入。格式转换可以使用代码中 convert.py 工具来完成,转换时可以指定输出的目录(一般放在 checkpoint 目录下)。

和图片数据处理部分一样,训练的代码中也用到了 absl 和 flags 工具库,所以可以使用命令行的方式执行训练,当然也可以对训练的参数设置默认值。

【提示】 此处所展示的文件 train.py 中的代码省略了一些本案例用不到的部分,如

YOLOV3-Tiny 的训练、Eager 模式的训练等。这些也是扩展学习的重要部分，感兴趣的读者可自行尝试。

9.2.3　测试与结果

　　训练结束后就可以用训练好的模型进行预测，也就是说，需要使用训练时候的模型结构，然后导入训练好的参数，输出预测的 Top 10 的类别和对应的概率。导入和预测的工作相对比较简单，可以调用 Keras 的 load_weights()函数和 predict()函数来完成。不过要注意的是，对输入的图片需要进行处理以满足函数的要求。完整的代码如代码清单 9-3 所示。

代码清单 9-3

```
1    # 以上包导入的部分已省略，下面是命令行的参数
2    flags.DEFINE_string('classes', './data/helmet_VOC2028.names', '目标类别文件')
3    flags.DEFINE_string('weights', './checkpoints/YOLOv3.tf', '训练好的权重文件')
4    flags.DEFINE_boolean('tiny', False, '是否使用 Tiny 网络')
5    flags.DEFINE_integer('size', 416, '输入图片的尺寸')
6    flags.DEFINE_string('image', './data/001266.jpg', '要预测的图片的尺寸')
7    flags.DEFINE_string('tfrecord', None, 'tfrecord 类型的预测文件')
8    flags.DEFINE_string('output', './output.jpg', '结果输出的文件名')
9    flags.DEFINE_integer('num_classes', 2, '类别的个数')
10
11   def main(_argv):
12       # 如果机器 GPU 现存不足，就可以配置为自动设置
13       physical_devices = tf.config.experimental.list_physical_devices('GPU')
14       if len(physical_devices) > 0:
15           tf.config.experimental.set_memory_growth(physical_devices[0], True)
16
17       if FLAGS.tiny:
18           YOLO = YOLOV3Tiny(classes = FLAGS.num_classes)
19       else:
20           YOLO = YOLOV3(classes = FLAGS.num_classes)
21
22       # 导入权重
23       YOLO.load_weights(FLAGS.weights).expect_partial()
24       logging.info('weights loaded')
25       class_names = [c.strip() for c in open(FLAGS.classes).readlines()]
26       logging.info('classes loaded')
27
28       # 根据文件类型读入图片
29       if FLAGS.tfrecord:
30           dataset = load_tfrecord_dataset(
31               FLAGS.tfrecord, FLAGS.classes, FLAGS.size)
32           dataset = dataset.shuffle(512)
33           img_raw, _label = next(iter(dataset.take(1)))
34       else:
35           img_raw = tf.image.decode_image(
```

```
36                  open(FLAGS.image, 'rb').read(), channels = 3)
37
38      img = tf.expand_dims(img_raw, 0)
39      img = transform_images(img, FLAGS.size)
40
41          ♯ 进行预测并输出所需要的时间
42      t1 = time.time()
43      boxes, scores, classes, nums = YOLO(img)
44      t2 = time.time()
45      logging.info('time: {}'.format(t2 - t1))
46
47      logging.info('detections:')
48      for i in range(nums[0]):
49          logging.info('\t{}, {}, {}'.format(class_names[int(classes[0][i])],
50                                              np.array(scores[0][i]),
51                                              np.array(boxes[0][i])))
52
53      img = cv2.cvtColor(img_raw.numpy(), cv2.COLOR_RGB2BGR)
54      img = draw_outputs(img, (boxes, scores, classes, nums), class_names)
55      cv2.imwrite(FLAGS.output, img)
56      logging.info('output saved to: {}'.format(FLAGS.output))
```

注意,weights 参数要设置为训练之后的输出的权重文件。测试结果输入示意如图 9.3 所示。

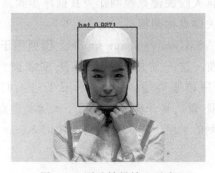

图 9.3　测试结果输入示意

【试一试】 除了测试一张图片,还可以测试一段视频。调用代码中的 detect_video.py 工具可以实现视频的预测,同时还可以尝试使用 opencv 库连接摄像头进行实时预测。另外,本案例还可以扩展到检查是否戴口罩等应用场景。

第**10**章

视频讲解

基于**ResNet**的人脸关键点检测

人脸关键点检测指的是用于标定人脸五官和轮廓位置的一系列特征点的检测,是对于人脸形状的稀疏表示。关键点的精确定位可以为后续应用提供十分丰富的信息。因此,人脸关键点检测是人脸分析领域的基础技术之一。许多应用场景(如人脸识别、人脸三维重塑、表情分析等)均将人脸关键点检测作为其前序步骤来实现。本章将通过深度学习的方法来搭建一个人脸关键点检测模型。

1995 年,Cootes 提出 ASM(active shape model) 模型用于人脸关键点检测,掀起了一波持续多年的研究浪潮。这一阶段的检测算法常常被称为传统方法。2012 年,AlexNet 在 ILSVRC 中力压榜眼夺冠,将深度学习带进人们的视野。随后 Sun 等在 2013 年提出了 DCNN 模型,首次将深度方法应用于人脸关键点检测。自此,深度卷积神经网络成为人脸关键点检测的主流工具。本章主要使用 Keras 框架来搭建深度模型。

10.1 数据准备

在开始搭建模型之前,需要首先下载训练所需的数据集。数据集下载资源详见前言二维码。目前,开源的人脸关键点数据集有很多。例如 AFLW、300W、MTFL/MAFL 等,关键点个数也从 5 个到上千个不等。本章中采用的是 CVPR 2018 论文 *Look at Boundary：A Boundary-Aware Face Alignment Algorithm* 中提出的 WFLW(wider facial landmarks in-the-wild) 数据集。这一数据集包含了 10000 张人脸信息,其中 7500 张用于训练,剩余 2500 张用于测试。每张人脸图片被标注以 98 个关键点,人脸关键点分布如图 10.1 所示。

由于关键点检测在人脸分析任务中的基础性地位,工业界往往拥有标注了更多关键点的数据集。但是由于其商业价值,这些信息一般不会被公开,因此目前开源的数据集还

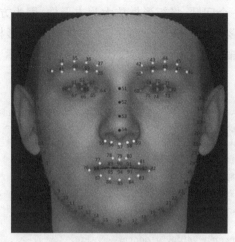

图 10.1　人脸关键点分布

是以 5 点和 68 点为主。在本章项目中使用的 98 点数据集不仅能够更加精确地训练模型，同时还可以更加全面地对模型表现进行评估。

　　然而另一方面，数据集中的图片并不能直接作为模型输入。对于模型来说，输入图片应该是等尺寸且仅包含一张人脸的。但是数据集中的图片常常会包含多个人脸，这就需要首先对数据集进行预处理，使之符合模型的输入要求。

10.1.1　人脸裁剪与缩放

　　数据集中已经提供了每张人脸所处的矩形框，可以据此确定人脸在图像中的位置，人脸矩形框示意如图 10.2 所示。但是直接按照框选部分进行裁剪会导致两个问题：一是矩形框的尺寸不同，裁剪后的图片还是无法作为模型输入；二是矩形框只能保证将关键点包含在内，耳朵、头发等其他人脸特征则排除在外，不利于训练泛化能力强的模型。

图 10.2　人脸矩形框示意

为了解决上述的第一个问题，将矩形框放大为方形框，因为方形图片容易进行等比例缩放而不会导致图像变形。对于第二个问题，则单纯地将方形框的边长延长为原来的1.5倍，以包含更多的脸部信息。相关代码如代码清单 10-1 所示。

代码清单 10-1

```
1   def _crop(image: Image, rect: ('x_min', 'y_min', 'x_max', 'y_max'))\
2          -> (Image, 'expanded rect'):
3       """Crop the image w.r.t. box identified by rect."""
4       x_min, y_min, x_max, y_max = rect
5       x_center = (x_max + x_min) / 2
6       y_center = (y_max + y_min) / 2
7       side = max(x_center - x_min, y_center - y_min)
8       side *= 1.5
9       rect = (x_center - side, y_center - side,
10              x_center + side, y_center + side)
11      image = image.crop(rect)
12      return image, rect
```

代码清单 10-1 以及本章其余的全部代码中涉及的 image 对象均为 PIL.Image 类型。PIL（python imaging library）是一个第三方模块，但是由于其强大的功能与广泛的用户基础，几乎已经被认为是 Python 官方图像处理库了。PIL 不仅为用户提供了 jpg、png、gif 等多种图片类型的支持，还内置了十分强大的图片处理工具集。上面提到的 Image 类型是 PIL 最重要的核心类，除了具备裁剪（crop）功能外，还拥有创建缩略图（thumbnail）、通道分离（split）与合并（merge）、缩放（resize）、转置（transpose）等功能。下面给出一个图片缩放的例子，如代码清单 10-2 所示。

代码清单 10-2

```
1   def _resize(image: Image, pts: '98-by-2 matrix')\
2          -> (Image, 'resized pts'):
3       """Resize the image and landmarks simultaneously."""
4       target_size = (128, 128)
5       pts = pts / image.size * target_size
6       image = image.resize(target_size, Image.ANTIALIAS)
7       return image, pts
```

代码清单 10-2 将人脸图片和关键点坐标一并缩放至 128×128px。在 Image.resize（）函数的调用中，第一个参数表示缩放的目标尺寸，第二个参数表示缩放所使用的过滤器类型。在默认情况下，过滤器会选用 Image.NEAREST ，其特点是压缩速度快但压缩效果较差。因此，PIL 官方文档中建议是如果对于图片处理速度的要求不是那么苛刻，推荐使用 Image.ANTIALIAS 以获得更好的缩放效果。在本章项目中，由于 _resize() 函数对每张人脸图片只会调用一次，因此时间复杂度并不是问题。况且图像经过缩放后还要被深度模型学习，缩放效果很可能是决定模型学习效果的关键因素，所以这里选择了 Image.ANTIALIAS 过滤器进行缩放。图 10.2 经过裁剪和缩放处理后的效果图如图 10.3 所示。

图 10.3　经过裁剪和缩放处理后的效果示意

10.1.2　数据归一化处理

经过裁剪和缩放处理所得到的数据集已经可以用于模型训练了，但是训练效果并不理想。对于正常图片，模型可以以较高的准确率定位人脸关键点。但是在某些过度曝光或者经过了滤镜处理的图片面前，模型就显得力不从心了。为了提高模型的准确率，这里进一步对数据集进行归一化处理。所谓归一化，就是排除某些变量的影响。例如，希望将所有人脸图片的平均亮度统一，从而排除图片亮度对模型的影响，如代码清单 10-3 所示。

代码清单 10-3

```
1   def _relight(image: Image) -> Image:
2       """Standardize the light of an image."""
3       r, g, b = ImageStat.Stat(image).mean
4       brightness = math.sqrt(0.241 * r ** 2 + 0.691 * g ** 2 + 0.068 * b ** 2)
5       image = ImageEnhance.Brightness(image).enhance(128 / brightness)
6       return image
```

ImageStat 和 ImageEnhance 分别是 PIL 中的两个工具类。顾名思义 ImageStat 可以对图片中每个通道进行统计分析，代码清单 10-3 中就对图片的三个通道分别求得了平均值；ImageEnhance 用于图像增强，常见用法包括调整图片的亮度、对比度以及锐度等。

【提示】　颜色通道是一种用于保存图像基本颜色信息的数据结构。最常见的 RGB 模式图片由红、绿、蓝三种基本颜色组成。也就是说，RGB 图片中的每个像素都是用这三种颜色的亮度值来表示的。在一些印刷品的设计图中会经常遇到另一种称为 CYMK 的颜色模式，这种模式下的图片包含四个颜色通道，分别表示青、黄、红、黑。PIL 可以自动识别图片文件的颜色模式，因此多数情况下用户并不需要关心图像的颜色模式。但是在对图片应用统计分析或增强处理时，底层操作往往是针对不同通道分别完成的。为了避免因为颜色模式导致的图像失真，用户可以通过 PIL.Image.mode 属性查看被处理图像的颜色模式。

类似地，希望消除人脸朝向所带来的影响。这是因为训练集中朝向左边的人脸明显多于朝向右边的人脸，导致模型对于朝向右侧的人脸识别率较低。具体做法是随机地将人脸图片进行左右翻转，从而在概率上保证朝向不同方向的人脸图片具有近似平均的分布，如代码清单 10-4 所示。

代码清单 10-4

```
1   def _fliplr(image: Image, pts: '98 - by - 2 matrix')\
2          -> (Image, 'corresponding pts'):
3       """Flip the image and landmarks randomly."""
4       if random.random() >= 0.5:
5           pts[:, 0] = 128 - pts[:, 0]
6           pts = pts[_fliplr.perm]
7           image = image.transpose(Image.FLIP_LEFT_RIGHT)
8       return image, pts
```

图片的翻转比较容易完成，只需要调用 PIL.Image 类的转置方法即可，但是关键点的翻转则需要一些额外的操作。举例来说，左眼 96 号关键点在翻转后会成为新图片的右眼 97 号关键点（见图 10.1），因此其在 pts 数组中的位置也需要从 96 变为 97。为了实现这样的功能，定义全排列向量 perm 来记录关键点的对应关系。为了方便程序调用，perm 被保存在文件中。但是如果每次调用 _fliplr()函数时都从文件中读取，显然会拖慢函数的执行；而将 perm 作为全局变量加载，又会污染全局变量空间，破坏函数的封装性。这里的解决方案是将 perm 作为函数对象 _fliplr()的一个属性，从外部加载并始终保存在内存中，如代码清单 10-5 所示。

代码清单 10-5

```
1   # 导入 perm
2   _fliplr.perm = np.load('fliplr_perm.npy')
```

【提示】 熟悉 C/C++的读者可能会联想到 static 修饰的静态局部变量。很遗憾的是，Python 作为动态语言是没有这种特性的。代码清单 10-5 就是为了实现类似效果所做出的一种尝试。

10.1.3 整体代码

前面定义了对于单张图片的全部处理函数，接下来就只需要遍历数据集并调用即可，如代码清单 10-6 所示。由于训练集和测试集在 WFLW 中是分开进行存储的，但是二者的处理流程几乎相同，因此可以将其公共部分抽取出来作为 preprocess()函数进行定义。训练集和测试集共享同一个图片库，其区别仅仅在于人脸关键点的坐标以及人脸矩形框的位置，这些信息被存储在一个描述文件中。preprocess()函数接收这个描述文件流作为参数，依次处理文件中描述的人脸图片，最后将其保存到 dataset 目录下的对应位置。

代码清单 10-6

```
1   def preprocess(dataset: 'File', name: str):
2       """Preprocess input data as described in dataset.
3
4       @param dataset: stream of the data specification file
5       @param name: dataset name (either "train" or "test")
```

```
 6          """
 7          print(f"start processing {name}")
 8          image_dir = './WFLW/WFLW_images/'
 9          target_base = f'./dataset/{name}/'
10          os.mkdir(target_base)
11
12          pts_set = []
13          batch = 0
14          for data in dataset:
15              if not pts_set:
16                  print("\rbatch " + str(batch), end = '')
17                  target_dir = target_base + f'batch_{batch}/'
18                  os.mkdir(target_dir)
19              data = data.split(' ')
20              pts = np.array(data[:196], dtype = np.float32).reshape((98, 2))
21              rect = [int(x) for x in data[196:200]]
22              image_path = data[-1][:-1]
23
24              with Image.open(image_dir + image_path) as image:
25                  img, rect = _crop(image, rect)
26              pts -= rect[:2]
27              img, pts = _resize(img, pts)
28              img, pts = _fliplr(img, pts)
29              img = _relight(img)
30
31              img.save(target_dir + str(len(pts_set)) + '.jpg')
32              pts_set.append(np.array(pts))
33              if len(pts_set) == 50:
34                  np.save(target_dir + 'pts.npy', pts_set)
35                  pts_set = []
36                  batch += 1
37          print()
38
39
40  if __name__ == '__main__':
41      annotation_dir = './WFLW/WFLW_annotations/list_98pt_rect_attr_train_test/'
42      train_file = 'list_98pt_rect_attr_train.txt'
43      test_file = 'list_98pt_rect_attr_test.txt'
44      _fliplr.perm = np.load('fliplr_perm.npy')
45
46      os.mkdir('./dataset/')
47      with open(annotation_dir + train_file, 'r') as dataset:
48          preprocess(dataset, 'train')
49      with open(annotation_dir + test_file, 'r') as dataset:
50          preprocess(dataset, 'test')
```

在 preprocess() 函数中，将 50 个数据组成一批（batch）进行存储，这样做的目的是方便模型训练过程中的数据读取。在机器学习中，模型训练往往是以批为单位的，这样不仅可以提高模型训练的效率,还能充分利用 GPU 的并行能力加快训练速度。处理后的目录结构如代码清单 10-7 所示。

代码清单 10-7

```
1  dataset
2  ├── test
3  │    ├── batch_0
4  │    ...
5  │    └── batch_49
6  └── train
7       ├── batch_0
8       ...
9       └── batch_149
```

10.2 模型搭建与训练

10.2.1 特征图生成

本节采用的是 ResNet 50 预训练模型,这一模型已经被 Keras 收录,可以直接在程序中引用,如代码清单 10-8 所示。

代码清单 10-8

```python
1   import os
2   import numpy as np
3
4   from PIL import Image
5   from tensorflow.keras.applications.resnet50 import ResNet50
6   from tensorflow.keras.models import Model
7
8
9   def pretrain(model: Model, name: str):
10      """Use a pretrained model to extract features.
11
12      @param model: pretrained model acting as extractors
13      @param name: dataset name (either "train" or "test")
14      """
15      print("predicting on " + name)
16      base_path = f'./dataset/{name}/'
17      for batch_path in os.listdir(base_path):
18          batch_path = base_path + batch_path + '/'
19          images = np.zeros((50, 128, 128, 3), dtype=np.uint8)
20          for i in range(50):
21              with Image.open(batch_path + f'{i}.jpg') as image:
22                  images[i] = np.array(image)
23          result = model.predict_on_batch(images)
24          np.save(batch_path + 'resnet50.npy', result)
```

```
25
26
27   base_model = ResNet50(include_top = False, input_shape = (128, 128, 3))
28   output = base_model.layers[38].output
29   model = Model(inputs = base_model.input, outputs = output)
30   pretrain(model, 'train')
31   pretrain(model, 'test')
```

代码清单 10-8 中截取了 ResNet 50 的前 39 层作为特征提取器,输出特征图的尺寸是 32×32×256px。这一尺寸表示每张特征图有 256 个通道,每个通道存储着一个 32×32px 的灰度图片。特征图本身并不是图片,而是以图片形式存在的三维矩阵。因此,这里的通道概念也和上文所说的颜色通道不同。特征图中的每个通道存储着不同特征在原图的分布情况,也就是单个特征的检测结果。

【技巧】 迁移学习的另一种常见实现方式是"预训练+微调"。其中预训练指的是被迁移模型在其领域内的训练过程,微调是指对迁移后的模型在新的应用场景中进行调整。这种方式的优点是可以使被迁移模型在经过微调后更加贴合当前任务,但是微调的过程往往耗时较长。本例中由于被迁移部分仅仅作为最基本特征的提取器,微调的意义并不明显,因此没有选择这样的方式进行训练。有兴趣的读者可以自行实现。

10.2.2 模型搭建

下面开始搭建基于特征图的卷积神经网络。Keras 提供了两种搭建网络模型的方法,其一是通过定义 Model 对象来实现,另一种是定义顺序(sequential)对象。前者已经在代码清单 10-8 中有所体现了,这里使用代码清单 10-9 来对后者进行说明。与 Model 对象不同,顺序对象不能描述任意的复杂网络结构,而只能是网络层的线性堆叠。因此,在 Keras 框架中,顺序对象是作为 Model 的一个子类存在的,仅仅是 Model 对象的进一步封装。创建好顺序模型后,可以使用在 model.add() 方法模型中插入网络层,新插入的网络层会默认成为模型的最后一层。尽管网络层线性堆叠的特性限制了模型中分支和循环结构的存在,但是小型的神经网络大都满足这一要求。因此,顺序模型对于一般的应用场景已经足够了。

代码清单 10-9

```
1    model = Sequential()
2    model.add(Conv2D(256, (1, 1), input_shape = (32, 32, 256), activation = 'relu'))
3    model.add(Conv2D(256, (3, 3), activation = 'relu'))
4    model.add(MaxPooling2D())
5    model.add(Conv2D(512, (2, 2), activation = 'relu'))
6    model.add(MaxPooling2D())
7    model.add(Flatten())
8    model.add(Dropout(0.2))
9    model.add(Dense(196))
10   model.compile('adam', loss = 'mse', metrics = ['accuracy'])
11   model.summary()
12   plot_model(model, to_file = './models/model.png', show_shapes = True)
```

在代码清单 10-9 中一共向顺序模型插入了 8 个网络层，其中的卷积层（Conv2D）、最大池化层（Max Pooling 2D）以及全连接层（Dense）都是卷积神经网络中十分常用的网络层，需要好好掌握。应当指出的是，顺序模型在定义时不需要用户显式地传入每个网络层的输入尺寸，但这并不代表输入尺寸在模型中不重要。相反，模型整体的输入尺寸由模型中第一层的 input_shape 给出，而后各层的输入尺寸就都可以被 Keras 自动推断出来。

本模型的输入取自 10.2.1 节的特征图。因此，尺寸为 $32 \times 32 \times 256$px。模型整体的最后一层常常被称为输出层。这里希望模型的输出是 98 个人脸关键点的横纵坐标，因此输出向量的长度是 196。模型的整体结构及各层尺寸如图 10.4 所示。

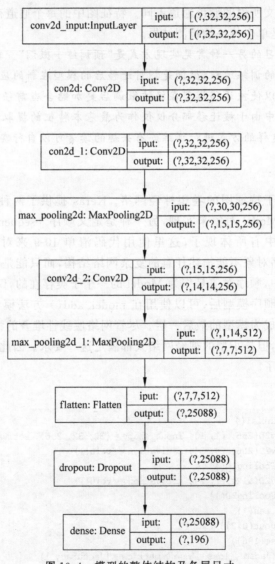

图 10.4　模型的整体结构及各层尺寸

【技巧】 和模型中的其他各层不同，Dropout 层的存在不是为了从特征图中提取信息，而是随机地将一些信息抛弃。正如大家所预期的那样，Dropout 层不会使模型在训练阶段的表现变得更好，但出人意料的是模型在测试阶段的准确率却得到了显著的提升，这是因为 Dropout 层可以在一定程度上抑制模型的过拟合。从图 10.4 可以看出，Dropout 层的输入和输出都是一个长度为 25088 的向量。区别在于某些向量元素在经过 Dropout 层后会被置零，意味着这个元素所代表的特征被抛弃了。因为在训练时输出层不能提前预知哪些特征会被抛弃，所以不会完全依赖于某些特征，从而提高了模型的泛化性能。

与代码清单 10-8 不同，代码清单 10-9 在模型搭建完成后进行了编译（compile）操作。但事实上，编译并不是顺序模型特有的方法，这里对模型进行编译是为了设置一系列训练相关的参数。第一个参数 Adam 指的是以默认参数使用 Adam 优化器。Adam 优化器是对于随机梯度下降（Sgd）优化器的一种改进，由于其计算具有高效性，所以被广泛采用。第二个参数指定了损失函数取均方误差的形式。由勾股定理可得：

$$\sum_{i=1}^{98}(x_i-\hat{x}_i)^2+\sum_{i=1}^{98}(y_i-\hat{y}_i)^2=\sum_{i=1}^{98}r_i^2$$

其中，x_i 和 y_i 分别表示关键点的横纵坐标，r_i 表示预测点到实际点之间的距离。也就是说，均方误差即为关键点偏移距离的平方和，因此这种损失函数的定义是最为直观的。最后一个参数规定了模型的评价标准（metrics）为预测准确率（accuracy）。

10.2.3 模型训练

模型训练需要首先将数据集加载到内存。对于数据集不大的机器学习项目，常见的训练方法是读取全部数据并保存在一个 Numpy 数组中，而后调用 model.fit() 方法。但是在本项目中，全部特征图就占用了近 10GB 空间，将其同时全部加载到内存将很容易导致 Python 内核因为没有足够的运行空间而崩溃。对于这种情况，Keras 给出了一个 fit_generator() 接口。该函数可以接收一个生成器对象作为数据来源，从而允许用户以自定义的方式将数据加载到内存。本小节中使用的生成器定义如代码清单 10-10 所示。

代码清单 10-10

```
1    def data_generator(base_path: str):
2        """Data generator for keras fitter.
3
4        @param base_path: path to dataset
5        """
6        while True:
7            for batch_path in os.listdir(base_path):
8                batch_path = base_path + batch_path + '/'
9                pts = np.load(batch_path + 'pts.npy')\
10                   .reshape((BATCH_SIZE, 196))
11               _input = np.load(batch_path + 'resnet50.npy')
```

```
12              yield _input, pts
13
14   train_generator = data_generator('./dataset/train/')
15   test_generator = data_generator('./dataset/test/')
```

【提示】 迭代器模式是最常用的设计模式之一。许多现代编程语言,包括 Python、Java、C++等,都从语言层面提供了迭代器模式的支持。在 Python 中所有可迭代对象都属于迭代器,而生成器是迭代器的一个子类,主要用于动态地生成数据。和一般的函数执行过程不同,迭代器函数遇到 yield 关键字返回,下次调用时从返回处继续执行。代码清单 10-10 中,train_generator()和 test_generator()都是迭代器类型对象(但 data_generator()是函数对象)。

模型的训练过程常常会持续多个 epoch,因此生成器在遍历完一次数据集后必须有能力回到起点继续下一次遍历。这就是代码清单 10-10 中把 data_generator()定义为一个死循环的原因。如果没有引入死循环,那么,在 for 循环遍历结束时,data_generator()函数会直接退出。此时任何企图从生成器获得数据的尝试都会触发异常,训练的第二个epoch 也就无法正常启动了。

定义生成器的另一个作用是数据增强。在前面对图片的亮度进行归一化处理,以排除亮度对模型的干扰。一种更好的实现方式是在生成器中对输入图片动态地调整亮度,从而使模型适应不同亮度的图片,提升其泛化效果。本例由于预先采用了迁移学习进行特征提取,模型输入已经不是原始图片,所以无法使用数据增强。

定义好迭代器就可以开始训练模型了,如代码清单 10-11 所示。值得一提的是 steps_per_epoch 这个参数在 fit()函数中是没有的。因为 fit()函数的输入数据是一个列表,Keras 可以根据列表长度获知数据集的大小。但是生成器没有对应的 len()函数,所以Keras 不知道一个 epoch 会持续多少个批次。因此,需要用户显式地将这一数据作为参数传递进去。

代码清单 10-11

```
1   history = model.fit_generator(
2       train_generator,
3       steps_per_epoch = 150,
4       validation_data = test_generator,
5       validation_steps = 50,
6       epochs = 4,
7       )
8   model.save('./models/model.h5')
```

在训练结束后,需要将模型保存到一个 h5py 文件中。这样即使 Python 进程被关闭,也可以随时获取到这一模型。迁移学习中使用的 ResNet 50 预训练模型就是这样保存在本地的。

10.3 模型评价

模型训练结束后,往往需要对其表现进行评价。对于人脸关键点这样的视觉任务来说,最直观的评价方式就是用肉眼来判断关键点坐标是否精确。为了将关键点绘制到原始图像上,定义 visual 模块如代码清单 10-12 所示。

代码清单 10-12

```
1    import numpy as np
2    import functools
3
4    from PIL import Image, ImageDraw
5
6    def _preview(image: Image,
7                 pts: '98 - by - 2 matrix',
8                 r = 1,
9                 color = (255, 0, 0)):
10       """Draw landmark points on image."""
11       draw = ImageDraw. Draw(image)
12       for x, y in pts:
13           draw.ellipse((x - r, y - r, x + r, y + r), fill = color)
14
15   def _result(name: str, model):
16       """Visualize model output on dataset specified by name."""
17       path = f'./dataset/{name}/batch_0/'
18       _input = np. load(path + 'resnet50.npy')
19       pts = model.predict(_input)
20       for i in range(50):
21           with Image.open(path + f'{i}.jpg') as image:
22               _preview(image, pts[i].reshape((98, 2)))
23               image. save(f'./visualization/{name}/{i}.jpg')
24
25   train_result = functools. partial(_result, "train")
26   test_result = functools. partial(_result, "test")
```

【技巧】 代码清单 10-12 的最后调用 functools. partial 创建了两个函数对象 train_result 和 test_result ,这两个对象被称为偏函数。从函数名 partial 可以看出,返回的偏函数应该是 _result 函数的参数被部分赋值的产物。以 train_result 为例,上述的定义与代码清单 10-13 是等价的。由于类似的封装场景较多,Python 内置了对于偏函数的支持,以减轻编程人员的负担。

代码清单 10-13

```
1    def train_result(model):
2      _result("train", model)
```

模型可视化的部分结果如图10.5所示。

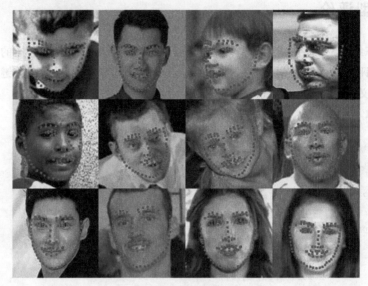

图10.5　模型可视化的部分结果

　　在10.1.2节中的fit_generator()方法返回了一个history对象，其中的history.history属性记录了模型训练到不同阶段的损失函数值和准确度。使用history对象进行训练历史可视化的代码如代码清单10-14所示。机器学习研究中，损失函数值随时间变化的函数曲线是判断模型拟合程度的标准之一。一般来说，模型在训练集上的损失函数值会随时间严格下降，下降速度随时间减小，图像类似指数函数。而在测试集上，模型的表现通常是先下降后不变。在训练结束时，如果模型在测试集上的损失函数值已经稳定，且远高于训练集上的损失函数值，就说明模型很可能已经过拟合，需要降低模型复杂度重新训练。

代码清单 10-14

```
1    import matplotlib.pyplot as plt
2
3    # Plot training & validation accuracy values
4    plt.plot(history.history['accuracy'])
5    plt.plot(history.history['val_accuracy'])
6    plt.title('Model accuracy')
7    plt.ylabel('Accuracy')
8    plt.xlabel('Epoch')
9    plt.legend(['Train', 'Test'], loc = 'upper left')
10   plt.savefig('./models/accuracy.png')
11   plt.show()
12
13   # Plot training & validation loss values
14   plt.plot(history.history['loss'])
```

```
15  plt.plot(history.history['val_loss'])
16  plt.title('Model loss')
17  plt.ylabel('Loss')
18  plt.xlabel('Epoch')
19  plt.legend(['Train', 'Test'], loc = 'upper left')
20  plt.savefig('./models/loss.png')
21  plt.show()
```

这里使用的数据可视化工具是 Matplotlib 模块。Matplotlib 是一个 Python 中的 MATLAB 开源替代方案，其中的很多函数都和 MATLAB 中具有相同的使用方法。pyplot 是 Matplotlib 的一个顶层 API，其中包含了全部绘图时常用的组件和方法。代码清单 10-14 绘制得到的图像如图 10.6 所示。

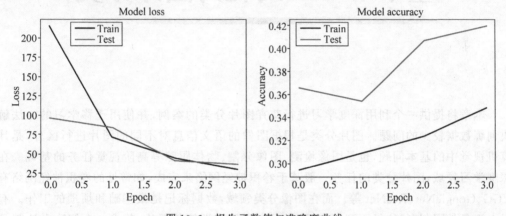

图 10.6　损失函数值与准确度曲线

从数据可以看出，模型在训练的四个 epoch 中，识别效果逐渐提升。甚至在第四个 epoch 结束后损失函数值仍有所下降，预示着模型表现还有进一步的提升空间。有意思的一点是，模型在测试集上的表现似乎优于训练集：在第一和第三个 epoch 中，训练集上的损失函数值低于测试集上的损失函数值。这一现象主要是因为模型的准确率在不断升高，测试集的损失函数值反映的是模型在一个 epoch 结束后的表现，而训练集的损失函数值反映的则是模型在这个 epoch 的平均表现。

第 **11** 章

视频讲解

基于ResNet的花卉图片分类

本章将提供一个利用深度学习进行花卉图片分类的案例,并使用迁移学习的方法解决训练数据较少的问题。图片分类是根据图像的语义信息对不同的图片进行区分,是计算机视觉中的基本问题,也是图像检测、图像分割、物体跟踪等高阶视觉任务的基础。在深度学习领域,图片分类的任务一般基于卷积神经网络来完成,如常见的卷积神经网络有VGG、GoogleNet、ResNet 等。而在图像分类领域,数据标记是最基础和烦琐的工作。有时由于条件限制,往往得不到很多经过标记的、用于训练的图片,其中一个解决办法就是对已经预训练好的模型进行迁移学习。本章是以 ResNet 为基础,对花卉图片进行迁移学习,从而完成对花卉图片的分类任务。

11.1 环境与数据准备

"工欲善其事,必先利其器"。如果直接使用 Python 完成模型的构建、导出等工作,势必会耗费相当多的时间,而且大部分工作都是深度学习中共同拥有的部分,即重复工作。所以本案例为了快速实现效果,就直接使用将这些共有部分整理成框架的 TensorFlow 和 Keras 来完成开发工作。TensorFlow 是 Google 公司开源的基于数据流图的科学计算库,适合用于机器学习、深度学习等人工智能领域。Keras 是一个用 Python 编写的高级神经网络 API,它能够以 TensorFlow、CNTK 或 Theano 作为后端运行。Keras 的开发重点是支持快速的实验,所以,本案例中,大部分与模型有关的工作都是基于 Keras API 来完成的。而现在版本的 TensorFlow 已经将 Keras 集成了进来,所以只需要安装 TensorFlow 即可。注意,由于本案例采用的 ResNet 网络较深,所以模型训练需要消耗的资源较多,需要 GPU 来加速训练过程。

11.1.1 环境安装

安装 TensorFlow 的 GPU 版本是相对比较繁杂的事情,需要找对应的驱动,安装合适版本的 CUDA 和 cuDNN。而一种比较方便的办法就是使用 Anaconda 来进行 tensorflow-gpu 的安装。具体的安装过程可以参考本书的附录 A.2 部分。其他需要安装的依赖包的名称及版本号如下:

其他依赖包可以在 Anaconda 界面上进行选择安装,也可以将其添加到 requirements.txt 文件,然后使用 conda install -yes -file requirements.txt 命令进行安装。另外,Conda 可以创建不同的环境来支持不同的开发要求。例如,有些工程需要 TensorFlow 1.15.0 环境来进行开发,而另外一些工程需要 TensorFlow 2.1.0 来进行开发,替换整个工作环境或者重新安装 TensorFlow 都不是很好的选择。所以,本案例使用 Conda 创建虚拟环境来解决。

11.1.2 数据集简介

在进行模型构建和训练之前,需要进行数据收集。为了简化收集工作,本案例采用已标记好的花卉数据集 Oxford 102 Flowers。数据集可以从 VGG 官方网站上进行下载。单击如图 11.1 所示的 Downloads 区域的 1、4 和 5 对应的超链接就可以下载所需要的文件。

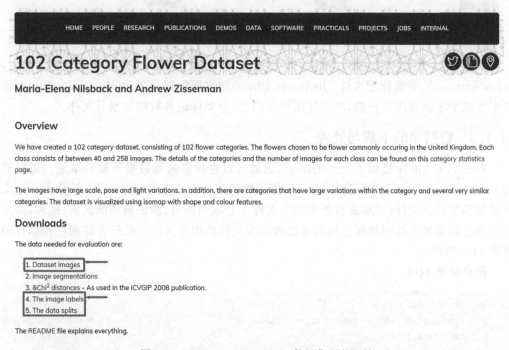

图 11.1 Oxford 102 Flowers 数据集下载网站

该数据集由牛津大学工程科学系于 2008 年发布,是一个英国本土常见花卉的图片数据集,包含 102 个类别,每类包含 40 ～ 258 张图片。在基于深度学习的图像分类任务中,这样较为少量的图片还是比较有挑战性的。Oxford 102 Flowers 的分类细节和部分类别的图片及对应的数量如图 11.2 所示。

Category	#ims	Category	#ims	Category	#ims
alpine sea holly	43	buttercup	71	fire lily	40
anthurium	105	californian poppy	102	foxglove	162
artichoke	78	camellia	91	frangipani	166
azalea	96	canna lily	82	fritillary	91
ball moss	46	canterbury bells	40	garden phlox	45
balloon flower	49	cape flower	108	gaura	67

图 11.2　Oxford 102 Flowers 的分类细节和部分类别的图片及对应的数量

除了图片文件（dataset images）,数据集中还包含图片分割标记文件（image segmentations）、分类标记文件（the image iabels）和数据集划分文件（the data splits）。由于本案例中不涉及图片分割,所以使用的是图片、分类标记和数据集划分文件。

11.1.3　数据集的下载与处理

Python urllib 库提供了 urlretrieve()函数可以直接将远程数据下载到本地。可以使用 urlretrieve()函数下载所需文件;然后把压缩的图片文件进行解压,并解析分类标记文件和数据集划分文件;再根据数据集划分文件并分成训练集、验证集和测试集;最后,向不同类别的数据集中按图片所标识的花的种类分类存放图片文件。代码及详细注释如代码清单 11-1 所示。

代码清单 11-1

```
1    import os
2    from urllib.request import urlretrieve
3    import tarfile
4    from scipy.io import loadmat
5    from shutil import copyfile
6    import glob
7    import numpy as np
```

```
8
9     """
10    函数说明:按照分类(labels)复制未分组的图片到指定的位置
11    Parameters:
12        data_path - 数据存放目录
13        labels - 数据对应的标签,需要按标签放到不同的目录
14    """
15    def copy_data_files(data_path, labels):
16        if not os.path.exists(data_path):
17            os.mkdir(data_path)
18
19        # 创建分类目录
20        for i in range(0, 102):
21            os.mkdir(os.path.join(data_path, str(i)))
22
23        for label in labels:
24            src_path = str(label[0])
25            dst_path = os.path.join(data_path, label[1], src_path.split(os.sep)[-1])
26            copyfile(src_path, dst_path)
27
28    if __name__ == '__main__':
29        # 检查本地数据集目录是否存在,若不存在,则需创建
30        data_set_path = "./data"
31        if not os.path.exists(data_set_path):
32            os.mkdir(data_set_path)
33
34        # 下载 102 Category Flower 数据集并解压
35        flowers_archive_file = "102flowers.tgz"
36        flowers_url_frefix = "https://www.robots.ox.ac.uk/~vgg/data/flowers/102/"
37        flowers_archive_path = os.path.join(data_set_path, flowers_archive_file)
38        if not os.path.exists(flowers_archive_path):
39            print("正在下载图片文件...")
40            urlretrieve(flowers_url_frefix + flowers_archive_file, flowers_archive_path)
41            print("图片文件下载完成.")
42        print("正在解压图片文件...")
43        tarfile.open(flowers_archive_path).extractall(path=data_set_path)
44        print("图片文件解压完成.")
45
46        # 下载标识文件,标识不同文件的类别
47        flowers_labels_file = "imagelabels.mat"
48        flowers_labels_path = os.path.join(data_set_path, flowers_labels_file)
49        if not os.path.exists(flowers_labels_path):
50            print("正在下载标识文件...")
51            urlretrieve(flowers_url_frefix + flowers_labels_file, flowers_labels_path)
52            print("标识文件下载完成")
53        flower_labels = loadmat(flowers_labels_path)['labels'][0] - 1
54
55        # 下载数据集分类文件,包含训练集、验证集和测试集
```

```
56      sets_splits_file = "setid.mat"
57      sets_splits_path = os.path.join(data_set_path, sets_splits_file)
58      if not os.path.exists(sets_splits_path):
59          print("正在下载数据集分类文件...")
60          urlretrieve(flowers_url_frefix + sets_splits_file, sets_splits_path)
61          print("数据集分类文件下载完成")
62      sets_splits = loadmat(sets_splits_path)
63
64      # 由于数据集分类文件中测试集数量比训练集多,所以进行了对调
65      train_set = sets_splits['tstid'][0] - 1
66      valid_set = sets_splits['valid'][0] - 1
67      test_set = sets_splits['trnid'][0] - 1
68
69      # 获取图片文件名并找到图片对应的分类标识
70      image_files = sorted(glob.glob(os.path.join(data_set_path, 'jpg', '*.jpg')))
71      image_labels = np.array([i for i in zip(image_files, flower_labels)])
72
73      # 将训练集、验证集和测试集分别放在不同的目录下
74      print("正在进行训练集的复制...")
75      copy_data_files(os.path.join(data_set_path,'train'), image_labels[train_set, :])
76      print("已完成训练集的复制,开始复制验证集...")
77      copy_data_files(os.path.join(data_set_path,'valid'), image_labels[valid_set, :])
78      print("已完成验证集的复制,开始复制测试集...")
79      copy_data_files(os.path.join(data_set_path,'test'), image_labels[test_set, :])
80      print("已完成测试集的复制,所有的图片下载和预处理工作已完成.")
```

下载的图片数据有 330MB 左右。国外的网站有时候下载比较慢,可以用下载工具下载,或者使用前言中提供的二维码进行下载。

需要说明的是,分类标记文件 imagelabels.mat 和数据集划分文件 setid.mat 是 MATLAB 的数据存储的标准格式,可以用 MATLAB 程序打开进行查看。本案例中使用 scipy 库的 loadmat()函数对 .mat 文件进行读取。图片分类后的目录结构如图 11.3 所示。

```
data
|- jpg                      解压后的文件
|- test                     测试集
   |- 0                     类别为0的图片目录
   |   |- xxx.jpg           类别为0的图片
   |   |- ...
   |- 1                     类别为1的图片目录
   |   |- xxx.jpg           类别为1的图片
   |   |- ...
   |- ...
|- train                    训练集
   |- 0                     类别为0的图片目录
   |   |- xxx.jpg           类别为0的图片
   |   |- ...
   |- 1                     类别为1的图片目录
   |   |- xxx.jpg           类别为1的图片
   |   |- ...
   |- ...
|- valid                    验证集
   |- 0                     类别为0的图片目录
   |   |- xxx.jpg           类别为0的图片
   |   |- ...
   |- 1                     类别为1的图片目录
   |   |- xxx.jpg           类别为1的图片
   |   |- ...
   |- ...
|- 102flowers.tgz           下载的图片文件
|- imagelabels.mat          下载的分类标记文件
|- setid.mat                下载的数据集划分文件
```

图 11.3　图片分类后的目录结构

11.2 模型构建、训练和测试

准备好环境和数据之后就需要对模型进行构建,然后,对预训练后的模型进行迁移学习,最后进行测试。本案例选择的网络是 ResNet 50。深度残差网络(deep residual network,ResNet)是由来自 Microsoft Research 的 4 位学者提出的卷积神经网络,在2015 年的 ImageNet 大规模视觉识别竞赛中获得了图像分类和物体识别的优胜。其特点是容易优化,并且能够通过增加相当的深度来提高准确率。ResNet 50 就代表其深度是50,而利用 Keras 的 API 构建一个 ResNet 50 的神经网络。

11.2.1 模型创建与训练

利用 Keras API 创建 ResNet 50 模型之后需要将之前准备好的模型配置成模型的输入,并设置输入图片的大小。然后,指定模型所使用的优化器、损失函数等参数。为了提高模型精度,减少输入数据不平衡对模型的影响,可以根据类别所具有的数量设定不同的权重。而且为了显示训练过程需要设置相应的回调函数。然后将这些配置作为训练的参数调用 Keras Model 的训练函数进行训练。完整代码及详细注释如代码清单11-2 所示。

代码清单 11-2

```
1   import numpy as np
2   import os
3   import glob
4   import math
5   from os.path import join as join_path
6   import joblib
7
8   import tensorflow as tf
9   from tensorflow.keras import backend as K
10  from tensorflow.keras.callbacks import EarlyStopping, ModelCheckpoint
11  from tensorflow.keras.preprocessing.image import ImageDataGenerator
12  from tensorflow.keras.optimizers import Adam
13  from tensorflow.keras.applications.resnet50 import ResNet50
14  from tensorflow.keras.layers import (Input, Flatten, Dense, Dropout)
15  from tensorflow.keras.models import Model
16
17  """
18  函数说明:该函数用于重写 DirectoryIterator 的 next()函数,用于将 RGB 通道换成 BGR 通道
19  """
20  def override_keras_directory_iterator_next():
21      from keras.preprocessing.image import DirectoryIterator
22
23      original_next = DirectoryIterator.next
24
```

```
25          # 防止多次覆盖
26          if 'custom_next' in str(original_next):
27              return
28
29          def custom_next(self):
30              batch_x, batch_y = original_next(self)
31              batch_x = batch_x[:, ::-1, :, :]
32              return batch_x, batch_y
33
34          DirectoryIterator.next = custom_next
35
36      """
37      函数说明：创建 ResNet 50 模型
38      Parameters:
39          classes - 所有的类别
40          image_size - 输入图片的尺寸
41      Returns:
42          Model - 模型
43      """
44      def create_resnet50_model(classes, image_size):
45          # 利用 Keras 的 API 创建模型，并在该模型的基础上进行修改
46          base_model = ResNet50(include_top = False, input_tensor = Input(shape = image_
            size + (3,)), weights = "./model/resnet50_weights_tf_dim_ordering_tf_kernels_
            notop.h5")
47          for layer in base_model.layers:
48              layer.trainable = False
49
50          x = base_model.output
51          x = Flatten()(x)
52          x = Dropout(0.5)(x)
53          output = Dense(len(classes), activation = 'softmax', name = 'predictions')(x)
54          return Model(inputs = base_model.input, outputs = output)
55
56      """
57      函数说明：根据每类图片的数量不同给每类图片附上权重
58      Parameters:
59          classes - 所有的类别
60          dir - 图片所在的数据集类别的目录，可以是训练集或验证集
61      Returns:
62          classes_weight - 每类的权重
63      """
64      def get_classes_weight(classes, dir):
65          class_number = dict()
66          k = 0
67          # 获取每类的图片数量
68          for class_name in classes:
69              class_number[k] = len(glob.glob(os.path.join(dir, class_name, '*.jpg')))
70              k += 1
71
```

```
72        # 计算每类的权重
73        total = np.sum(list(class_number.values()))
74        max_samples = np.max(list(class_number.values()))
75        mu = 1. / (total / float(max_samples))
76        keys = class_number.keys()
77        classes_weight = dict()
78        for key in keys:
79            score = math.log(mu * total / float(class_number[key]))
80            classes_weight[key] = score if score > 1. else 1.
81
82        return classes_weight
83
84    if __name__ == '__main__':
85        # 训练集、验证集、模型输出目录
86        train_dir = "./data/train"
87        valid_dir = "./data/valid"
88        output_dir = "./saved_model"
89
90        # 经过训练后的权重、模型、分类文件
91        fine_tuned_weights_path = join_path(output_dir, 'fine-tuned-resnet50-
          weights.h5')
92        model_path = join_path(output_dir, 'model-resnet50.h5')
93        classes_path = join_path(output_dir, 'classes-resnet50')
94
95        # 创建输出目录
96        if not os.path.exists(output_dir):
97            os.mkdir(output_dir)
98
99        # 由于使用 tensorflow 作为 Keras 的 backone,所以图片格式设置为 channels_last
100       # 修改 DirectoryIterator 的 next()函数,改变 GRB 通道顺序
101       K.set_image_data_format('channels_last')
102       override_keras_directory_iterator_next()
103
104       # 获取花卉数据类别(不同类别的图片放在不同的目录下,获取目录名即可)
105       classes = sorted([o for o in os.listdir(train_dir) if os.path.isdir(os.path.join
          (train_dir, o))])
106
107       # 获取花卉训练和验证图片的数量
108       train_sample_number = len(glob.glob(train_dir + '/**/*.jpg'))
109       valid_sample_number = len(glob.glob(valid_dir + '/**/*.jpg'))
110
111       # 创建 Resnet 50 模型
112       image_size = (224, 224)
113       model = create_resnet50_model(classes, image_size)
114
115       # 冻结前 fr_n 层
116       fr_n = 10
117       for layer in model.layers[:fr_n]:
```

```
118        layer.trainable = False
119    for layer in model.layers[fr_n:]:
120        layer.trainable = True
121
122    # 模型配置,使用分类交叉熵作为损失函数,使用 Adam 作为优化器,步长是 1e-5,并使
       用精确的性能指标
123    model.compile(loss = 'categorical_crossentropy', optimizer = Adam(learning_rate =
       1e-5), metrics = ['accuracy'])
124
125    # 获取训练数据和验证数据的 generator
126    channels_mean = [103.939, 116.779, 123.68]
127    image_data_generator = ImageDataGenerator(rotation_range = 30., shear_range =
       0.2, zoom_range = 0.2, horizontal_flip = True)
128    image_data_generator.mean = np.array(channels_mean, dtype = np.float32).reshape
       ((3, 1, 1))
129    train_data = image_data_generator.flow_from_directory(train_dir, target_size =
       image_size, classes = classes)
130
131    image_data_generator = ImageDataGenerator()
132    image_data_generator.mean = np.array(channels_mean, dtype = np.float32).reshape
       ((3, 1, 1))
133    valid_data = image_data_generator.flow_from_directory(valid_dir, target_size =
       image_size, classes = classes)
134
135    # 回调函数,用于在训练过程中输出当前进度和设置是否保存过程中的权重,以及早停
       的判断条件和输出
136    model_checkpoint_callback = ModelCheckpoint(fine_tuned_weights_path, save_best_
       only = True, save_weights_only = True, monitor = 'val_loss')
137    early_stopping_callback = EarlyStopping(verbose = 1, patience = 20, monitor =
       'val_loss')
138    record_callback = tf.keras.callbacks.TensorBoard(histogram_freq = 1)
139
140    # 获取不同类别的权重
141    class_weight = get_classes_weight(classes, train_dir)
142    batch_size = 10.0
143    epoch_number = 1000
144
145    print("开始训练...")
146    model.fit(
147        train_data,
148        # steps_per_epoch = train_sample_number / batch_size,
149        epochs = epoch_number,
150        validation_data = valid_data,
151        # validation_steps = valid_sample_number / batch_size,
152         callbacks = [early_stopping_callback, model_checkpoint_callback, record_
           callback],
153        class_weight = class_weight
154        )
```

```
155         print("模型训练结束,开始保存模型..")
156         model.save(model_path)
157         joblib.dump(classes, classes_path)
158         print("模型保存成功,训练任务全部结束.")
```

在调用 Keras 的 ResNet 50()函数来创建模型时,可能会停在下载预训练的权重文件部分,是因为网络比较慢,所以可以搜索 resnet50_weights_tf_dim_ordering_tf_kernels_notop. h5 文件并通过下载工具下载,然后放在工程目录下。在调用 ResNet 50()函数创建模型的时候指定 weights 参数,例如:weights = ". /resnet50_weights_tf_dim_ordering_tf_kernels_notop. h5"。

代码中封装 create_resnet50_model()函数,一方面是因为需要增加全连接层和增加防止过拟合的 Dropout,另一方面是因为除了训练,测试时也需要创建相同结构的模型。模型训练过程部分输出展示如图 11.4 所示。

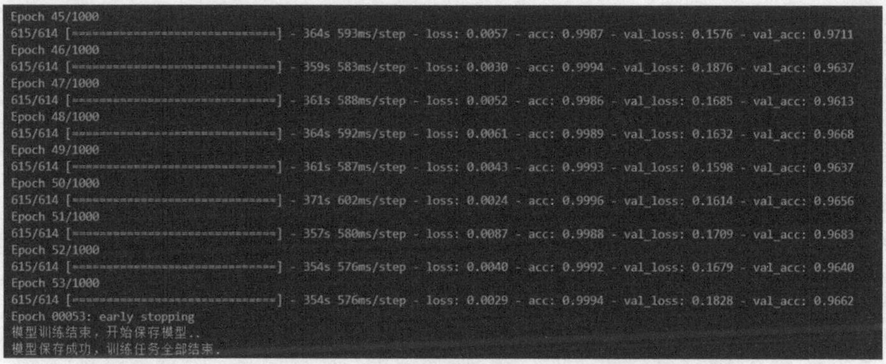

图 11.4　模型训练过程部分输出展示

从图 11.4 中可以看到,在训练第 53 轮的时候由于损失基本上不再降低,所以训练早停。输出中 loss 和 acc 分别代表训练时的损失和准确度,val_loss 和 val_acc 代表验证时的损失和准确度。训练在刚开始的时候可以看到损失明显在下降,准确度在明显上升,而到训练的结尾,基本上损失和准确度只是有很小幅度的上下波动。

最终导出的包含训练后的权重、模型和分类文件,在 saved_model 目录下,分别是 fine-tuned-resnet50-weights. h5、model-resnet50. h5、classes-resnet50。H5 文件是层次数据格式第 5 代的版本(hierarchical data format,HDF5),它是用于存储科学数据的一种文件格式和库文件。它是由美国超级计算与应用中心研发的文件格式,用以存储和组织大规模数据。

11.2.2　测试与结果

训练结束后就可以用训练好的模型进行预测,也就是说需要使用训练时候的模型结构,然后导入训练好的参数,输出预测的 Top10 的类别和对应的概率。导入和预测的工作相对比较简单,可以调用 Keras 的 load_weights()函数和 predict()函数来完成。不过要注意的是,对输入的图片需要进行处理以满足函数的要求。代码及详细注释如代码清单 11-3 所示。

代码清单 11-3

```
1   import os
2   import numpy as np
3   from tensorflow.keras.preprocessing import image
4   from tensorflow.keras.applications.imagenet_utils import preprocess_input
5   from train import create_resnet50_model
6
7   if __name__ == '__main__':
8       # 需要预测的图片的位置
9       predict_image_path = "./data/test/23/image_06831.jpg"
10
11      # 图片预处理
12      image_size = (224, 224)
13      img = image.load_img(predict_image_path, target_size = image_size)
14      img_array = np.expand_dims(image.img_to_array(img), axis = 0)
15      prepared_img = preprocess_input(img_array)
16
17      # 获取花卉数据类别(不同类别的图片放在不同的目录下,获取目录名即可)
18      test_dir = "./data/test"
19      classes = sorted([o for o in os.listdir(test_dir) if os.path.isdir(os.path.join
        (test_dir, o))])
20
21      # 创建模型并导入训练后的权重
22      model = create_resnet50_model(classes, image_size)
23      model.load_weights("./saved_model/fine-tuned-resnet50-weights.h5")
24
25      # 预测
26      out = model.predict(prepared_img)
27
28      top10 = out[0].argsort()[-10:][::-1]
29
30      class_indices = dict(zip(classes, range(len(classes))))
31      keys = list(class_indices.keys())
32      values = list(class_indices.values())
33
34      print("Top10 的分类及概率:")
35      for i, t in enumerate(top10):
36          print("class:", keys[values.index(t)], "probability:", out[0][t])
```

在获取 Top10 结果时,numpy 库的 argsort() 函数就是将数组的值从小到大排序后并按照其相对应的索引值输出。最终的输出结果示例如图 11.5 所示。

可以看到,预测概率最高的类别和图片的真实类别是一致的 22,而且概率接近 0.96,所以预测的结果还是很准确的。

另外,读者还可以结合 Python Web 知识搭建一个提供图片预测的服务,即在浏览器中打开页面,提交选择的图片文件给 Web 服务,然后经过计算后获取预测值。需要注意

```
Relying on driver to perform ptx compilation. This message will be only logged once.
Top10 的分类及概率:
class: 22 probability: 0.95697373
class: 28 probability: 0.018489927
class: 34 probability: 0.003128806
class: 66 probability: 0.0020601642
class: 32 probability: 0.0014283751
class: 0 probability: 0.0013617866
class: 18 probability: 0.001145325
class: 81 probability: 0.0009428338
class: 16 probability: 0.0009062799
class: 56 probability: 0.0007862715
```

图 11.5 最终的输出结果示例

的是,导入模型的时机不能是每次调用的时候才导入;否则会导致响应时间太长,而如果在服务启动的时候导入,如何保证在每次调用服务的时候都可以使用已经导入的模型进行预测是需要解决的问题。

第 12 章

视频讲解

基于U-Net的细胞分割

本章提供一个基于深度学习的细胞分割案例,从真实的医学图像数据入手,体会深度学习在现实生活中的应用。随着医疗设备的发展,高质量的医学图像数据得到了扩充,同时为了减轻医生的负担,深度学习等计算机技术开始进入医学领域。细胞分割是医学图像处理中最为基础的、重要的一个领域。观察细胞的形态、对不同细胞类型计数,这些耗时耗力的工作可以由计算机辅助完成,减少医学工作者的工作量。在计算机辅助病理分析的同时也避免了人工诊断的主观性、不确定性以及差异性。

12.1 细胞分割

12.1.1 细胞分割简介

细胞分割就是指根据医学图像中的灰度、色彩、几何形状,将图像划分为若干个不相交的区域,为进一步对细胞进行计数、识别做铺垫,在医学图像处理中是十分重要的一个环节。医学图像处理与自然场景中的图像处理有着很大的区别。例如,花卉分类、人脸检测都有着很强的特殊性,需要检测的目标和背景,一般都存在较大的色彩差异,目标轮廓较为清晰,色彩鲜明。但是医学图像常以灰度图为主、目标与背景颜色相近,差异不大。

而实现医学影像中的细胞分割最常用的方法就是计算机视觉领域的图像分割。图像分割就是把图像分成若干个特定的、具有独特性质的区域,并提出感兴趣目标的技术和过程。该技术一直是图像分析和处理的热门话题,而且自20世纪80年代提出后,在各个领域都有所发展。本章就是在将图像分割技术使用到医学图像处理方面。而经过图像分割将细胞分离之后,可以应用在目标重组、染色体分析、细胞识别、疾病诊断等多个领域之中。

12.1.2　传统细胞分割算法

传统的细胞分割方法主要以不依赖于建模的图像分割技术为主。比较著名的有阈值分割、区域分割、边缘检测等。

（1）阈值分割是一种简单的分割方法，只根据图像灰度图产生二值图像。这种方法计算量小、性能稳定，可以极大压缩数据量、简化分析和处理步骤，但是该方法过于简单，对于图像噪声的处理并不理想。

（2）区域分割，其中基础的是区域生长，其原理是从一组生长点出发，将周围相似的点合并，形成新的生长点，当找不到可合并的邻域时，合并停止。该方法时常由于参数的设置不恰当，造成区域过大或区域过小。

（3）边缘检测是根据图像的灰度、纹理等特征，识别不同区域的边缘部分，再根据微分运算等策略将边缘点闭合成曲线。该方法常常会由于图像噪声的干扰，在没有边界的地方识别到边界。

12.2　基于 U-Net 细胞分割的实现

12.2.1　U-Net 简介

在了解了传统细胞分割方法之后，再来了解一下基于深度学习的细胞分割方法。U-Net 是弗赖堡大学计算机科学系为生物医学图像分割而开发的卷积神经网络。对于传统的神经网络而言，通常需要大量的训练集来训练模型。但 U-Net 采用了一种利用有标签数据的高效策略，只需要少量的数据集就可以达到比较理想的效果。该网络基于全卷积网络（fully convolutional network，FCN），并对其结构进行了修改和扩展。在现代 GPU 上，512×512px 图像的分割只需不到一秒钟。

在 U-Net 中，采用了四次下采样，四次上采样，形成一个对称的 U 形结构。在下采样的过程中，可以提取图像的特征，捕捉语义信息；在上采样的过程中可以进行精确定位。该网络可以利用非常少的图片进行端到端的训练，并且效果出众。U-Net 一个重要的特点就是在上采样的部分含有大量特征通道，从而弥补了在下采样过程中分辨率的损失，能够更好地捕捉和传播语义信息。U-Net 结构如图 12.1 所示。

U-Net 网络的输入和输出图片大小并不一致，输入图像的边缘部分会进行一定的裁剪，这样对于输出的标记则损失了一定的信息。为了弥补这个缺陷，可以给图片的边缘加一层镜像，其中填充的内容就是图片内部对应的镜像。另外，希望原始图片的边缘可以一直保留到底层的特征层，所以对于 512×512px 的图片，增加 60 像素的边缘镜像，使之成为 572×572px 的图片，则刚好可以保留边缘的特征。边缘镜像如图 12.2 所示。

由于医学图像中样本非常少，需要通过数据增强来增加训练数据。这里 U-Net 的作者建议使用弹性变形的方法来增强数据，这一点在医学分割中尤为重要，生物组织的变形也是在医学图片中最为常见的变化之一，可以更好地模拟实际情况。

在介绍了 U-Net 相关的特性之后，再来实践一下 U-Net 的应用。本案例的运行环境是 Windows 10、CUDA 11.1 以及 Python 3.8。下面来进行环境的配置。注意，本案例提

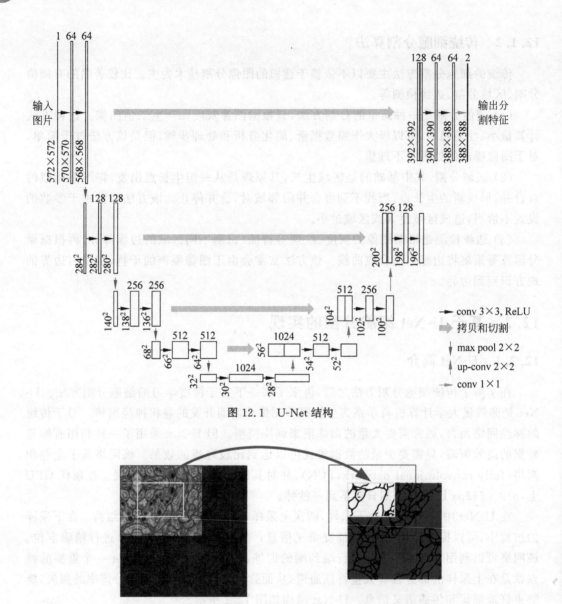

图 12.1　U-Net 结构

图 12.2　边缘镜像

供的源代码是基于 MATLAB 的 Caffe 版本，读者也可以自行寻找适合的开源代码。

　　首先，新建一个文件夹 U-Net 作为项目目录，使用 git 命令下载一个由 TensorFlow 2.x 实现了 U-Net 的源代码：

```
git clone https://github.com/jakeret/unet.git
```

然后，使用 pipenv 命令安装其他相关包。

```
cd unet
pipenv install -- dev
```

12.2.2 ISBI 简介

IEEE 国际生物医学影像研讨会(ISBI)是一个科学会议,致力于涵盖所有生物医学影像方面的数学、算法和计算等领域。它促进了不同图像处理组织之间的知识交流,并为生物医学成像的整合方法做出了贡献。ISBI 每年都会举办生物医学图像处理方面的挑战赛,本案例选用的是 ISBI 2012 挑战赛的题目。

题目提供的数据包括三部分:第一部分有 30 张样本图片,来自果蝇幼虫神经细胞的连续切片;第二部分有 30 张二值图片作为标签,其中白色表示被分割的图像,黑色表示细胞膜。第三部分有 30 张图片是比赛的测试图片。这些测试图片最后将会被用来对模型进行测试,以检验训练的效果。样本图片和对应的标签如图 12.3 所示。

在 unet 文件夹下新建一个 cell 文件夹,用于存放与本案例相关的代码和数据。在其中新建一个 data 文件夹,这里放置下载下来的图片,其中 imgs 文件夹中放样本图片,masks 文件夹中放标签图片。注意,对应图片的文件名称应当相同。准备好图片后,就可以开始训练模型了,此时项目文件结构如图 12.4 所示。

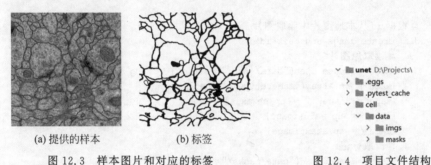

(a) 提供的样本　　　　(b) 标签

图 12.3　样本图片和对应的标签　　　　图 12.4　项目文件结构

12.2.3 数据加载

在项目的 notebooks 文件夹中,作者给出了两个示例,读者可以仿照作者给出的示例编写相关的代码来处理问题。在 src/unet/datasets 文件夹中,包含了两个处理数据的示例,需要将图片处理成 tensorflow.data.Dataset 格式的列表。在 cell/data.py 中编写如代码清单 12-1 所示代码。

代码清单 12-1

```
1    from typing import Tuple, List
2    from PIL import Image
3    import numpy as np
4    import tensorflow as tf
5
6    #设置相关参数
7    channels = 1
8    classes = 2
9
```

```
10  # 加载数据并分割
11  def load_data(count:int, splits:Tuple[float] = (0.7, 0.2, 0.1), **kwargs) -> List
    [tf.data.Dataset]:
12      return [tf.data.Dataset.from_tensor_slices(_build_samples(int(split * count),
        **kwargs))
13              for split in splits]
14
15  # 生成样本
16  def _build_samples(sample_count:int, nx:int = 512, ny:int = 512, **kwargs) -> Tuple
    [np.array, np.array]:
17      images = np.empty((sample_count, nx, ny, 1))
18      labels = np.empty((sample_count, nx, ny, 2))
19      for i in range(sample_count):
20          image, mask = _create_image_and_mask(i, **kwargs)
21          images[i] = image
22          # 设置两个分类
23          labels[i, ..., 0] = ~mask
24          labels[i, ..., 1] = mask
25      return images, labels
26
27  # 根据 id 从本地图片中读取图片
28  def _create_image_and_mask(id):
29      # 读取原图片
30      image = Image.open("data/imgs/" + str(id) + ".png")
31      image = np.array(image, dtype = 'float')
32      image = image[:, :, np.newaxis]
33      image -= np.amin(image)
34      image /= np.amax(image)
35      # 读取标记
36      mask = Image.open("data/masks/" + str(id) + ".png")
37      mask = np.array(mask)
38      [nx, ny] = mask.shape
39      # 二值化
40      mask_arr = np.zeros((nx, ny), dtype = np.bool)
41      for i in range(nx - 1):
42          for j in range(ny - 1):
43              if(mask[i,j] > 0):
44                  mask_arr[i,j] = True
45              else:
46                  mask_arr[i,j] = False
47      return image, mask_arr
```

12.2.4　模型训练

下面来编写模型的训练代码，这里可以使用 unet.build_model()函数来建立模型，进行相关的初始化操作之后就可以导入数据并开始训练。设置完模型输出的路径，就会将训练好的模型保存到对应的文件中，以便于后续使用模型。其中，epochs 表示训练时将所有的数据输入网络完成一次向前计算及反向传播的总次数，默认只有 5 次。如果需要得到更好的模型，可以适当增加次数，或者经过数次迭代之后修改相关参数再继续迭代。

batch_size 表示单次训练的样本数,默认为 1。设置 batch_size 可以更加充分地利用内存,让 GPU 负载更大,加快训练速度。但是增加 batch_size 的同时也会导致单个 epoch 的迭代次数减小,所以需要同时增加 epoch 数量。

在 cell 文件夹下新建 train.py 文件并写入如代码清单 12-2 所示代码。

代码清单 12-2

```
1    import unet
2    import data
3
4    # 设置模型输出路径
5    path = "model"
6    unet_model = unet.build_model(channels = data.channels,
7                                  num_classes = data.classes,
8                                  layer_depth = 3,
9                                  filters_root = 16)
10   unet.finalize_model(unet_model)
11
12   train_dataset, validation_dataset = data.load_data(30, nx = 512, ny = 512, splits =
     (0.7, 0.3))
13
14   # 设置相关参数开始训练
15   trainer = unet.Trainer()
16   trainer.fit(unet_model,
17               train_dataset,
18               validation_dataset,
19               epochs = 50,
20               batch_size = 2)
21   # 保存模型
22   unet_model.save(path)
```

12.2.5 训练结果

在训练完成之后,可以执行 predict.py 文件来输出模型预测的效果。首先需要导入 12.2.4 节保存的模型,然后使用数据集中的图片来进行预测。最后使用 matplotlib 展示结果。具体如代码清单 12-3 所示。

代码清单 12-3

```
1    import matplotlib.pyplot as plt
2    import numpy as np
3    from unet import utils
4    from unet import custom_objects
5    import tensorflow as tf
6    import data
7
8    # 设置模型读取路径
9    path = "model"
10   # 读取模型
11   unet_model = tf.keras.models.load_model( path, custom_objects = custom_objects)
```

```
12
13  train_dataset, validation_dataset = data.load_data(30, nx = 512, ny = 512, splits =
    (0.7, 0.3))
14  prediction = unet_model.predict(validation_dataset.batch(batch_size = 3))
15
16  fig, ax = plt.subplots(3, 3, sharex = True, sharey = True, figsize = (10,10))
17  dataset = validation_dataset.map(utils.crop_image_and_label_to_shape(prediction.
    shape[1:]))
18
19  for i, (image, label) in enumerate(dataset.take(3)):
20      ax[i][0].matshow(image[..., -1], cmap = plt.cm.gray); ax[i][0].set_title
        ('Original Image'); ax[i][0].axis('off')
21      ax[i][1].matshow(np.argmax(label, axis = -1), cmap = plt.cm.gray); ax[i][1].set_
        title('Original Mask'); ax[i][1].axis('off')
22      ax[i][2].matshow(np.argmax(prediction[i,...], axis = -1), cmap = plt.cm.gray); ax
        [i][2].set_title('Predicted Mask'); ax[i][2].axis('off')
23  plt.tight_layout()
24  # 显示图片
25  plt.show()
```

效果图(左图为测试图片,中为标记图片,右图为分割结果)如图 12.5 所示。

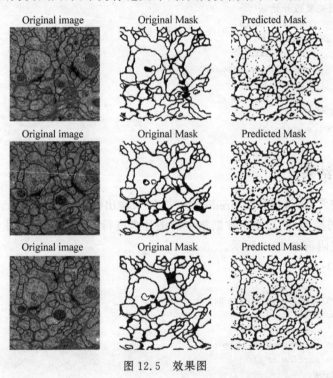

图 12.5　效果图

可以看到上述训练的模型效果还是不错的,绝大部分细胞的细胞膜都被识别出来了,只是细胞中间的杂质部分还没有完全清楚。由此可见,该模型还是比较成功的。至此本案例已完成。

第13章

视频讲解

基于DCGAN的MNIST数据生成

本章演示了如何使用深度卷积生成对抗网络(DCGAN)生成手写数字图片。该代码是使用 Keras Sequential API 与 tf. GradientTape 训练循环编写的。

13.1 生成对抗网络介绍

生成对抗网络(GANs)是当今计算机科学领域最有趣的想法之一。两个模型通过对抗过程同时训练。一个生成器("艺术家")学习创造看起来真实的图像,而判别器("艺术评论家")学习区分真假图像。生成对抗网络示意如图 13.1 所示。

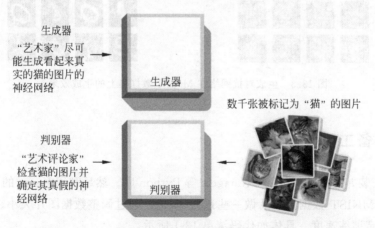

图 13.1　生成对抗网络示意

在训练的过程中,生成器在生成逼真图像方面的能力逐渐变强,而判别器在辨别这些图像的能力上逐渐变强。当判别器不再能够区分真实图片和伪造图片时,训练过程达到平衡。其平衡过程如图 13.2 所示。

第一次尝试 　　　　多次尝试之后 　　　　更多次尝试之后

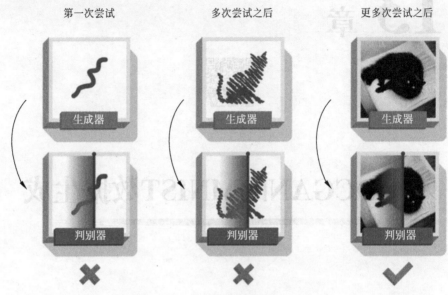

图 13.2　生成器和判别器平衡过程示意

本章节在 MNIST 数据集上演示了上述的生成对抗过程。图 13.3 展示了当训练了 50 个 epoch（全部数据集迭代 50 次）时生成器所生成的一系列图片。通过观察可以发现，图片从随机噪声开始，随着时间的推移越来越像手写数字。

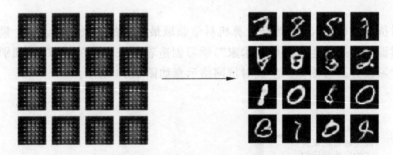

图 13.3　生成对抗网络在 MNIST 数据集上的生成效果

13.2　准备工作

首先，安装并导入 tensorflow、imageio 等 Python 库。然后利用 Keras 的 load_data() 方法来导入 MNIST 数据。最后做一些预处理，包括通过调整数据图片大小、标准化和打乱数据来提高训练速度。具体如代码清单 13-1 所示。

代码清单 13-1

```
1    import tensorflow as tf
```

```
2    import glob
3    import imageio
4    import matplotlib.pyplot as plt
5    import numpy as np
6    import os
7    import PIL
8    from tensorflow.keras import layers
9    import time
10   from IPython import display
11   (train_images, train_labels), (_, _) = tf.keras.datasets.mnist.load_data()
12   train_images = train_images.reshape(train_images.shape[0], 28, 28, 1).astype
     ('float32')
13   train_images = (train_images - 127.5) / 127.5 # 将图片标准化到 [-1, 1] 区间内
14
15   BUFFER_SIZE = 60000
16   BATCH_SIZE = 256
17
18   # 批量化和打乱数据
19   train_dataset = tf.data.Dataset.from_tensor_slices(train_images).shuffle(BUFFER_
     SIZE).batch(BATCH_SIZE)
```

13.3　创建模型

接下来创建模型,包括生成器和判别器。生成器和判别器的编写均使用 Keras Sequential API 进行定义。

13.3.1　生成器

生成器使用 tf.keras.layers.Conv2DTranspose(上采样)层来从种子(随机噪声)中产生图片。以一个使用该种子作为输入的 Dense 层开始,然后多次上采样直到达到所期望的 $28 \times 28 \times 1px$ 的图片尺寸。注意,除了输出层使用 tanh 之外,其他每层均使用 tf.keras.layers.LeakyReLU 作为激活函数。具体实现如代码清单 13-2 所示。

代码清单 13-2

```
1    def make_generator_model():
2      model = tf.keras.Sequential()
3      model.add(layers.Dense(7 * 7 * 256, use_bias = False, input_shape = (100,)))
4      model.add(layers.BatchNormalization())
5      model.add(layers.LeakyReLU())
6
7      model.add(layers.Reshape((7, 7, 256)))
8      assert model.output_shape == (None, 7, 7, 256) # 注意:batch size 没有限制
9
10     model.add(layers.Conv2DTranspose(128, (5, 5), strides = (1, 1), padding = 'same', use_
       bias = False))
```

```
11    assert model.output_shape == (None, 7, 7, 128)
12    model.add(layers.BatchNormalization())
13    model.add(layers.LeakyReLU())
14
15    model.add(layers.Conv2DTranspose(64, (5, 5), strides = (2, 2), padding = 'same', use_
      bias = False))
16    assert model.output_shape == (None, 14, 14, 64)
17    model.add(layers.BatchNormalization())
18    model.add(layers.LeakyReLU())
19
20    model.add(layers.Conv2DTranspose(1, (5, 5), strides = (2, 2), padding = 'same', use_
      bias = False, activation = 'tanh'))
21    assert model.output_shape == (None, 28, 28, 1)
22
23    return model
```

使用(尚未训练的)生成器创建一张图片如图 13.4 所示,可以发现,生成的图片是一些高斯噪声像素。代码如代码清单 13-3 所示。

代码清单 13-3

```
1    generator = make_generator_model()
2
3    noise = tf.random.normal([1, 100])
4    generated_image = generator(noise, training = False)
5
6    plt.imshow(generated_image[0, :, :, 0], cmap = 'gray')
```

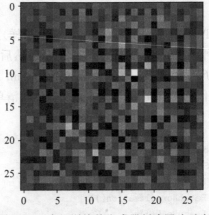

图 13.4   未经训练的生成器创建图片示意

13.3.2   判别器

判别器是一个基于 CNN 的图片分类器,包含不同的卷积层、激活函数、Dropout、全连接层。这些不同的层通过 tf.keras.Sequential 的 add()方法堆叠在一起。具体实现如代码清单 13-4 所示。

代码清单 13-4

```
1   def make_discriminator_model():
2       model = tf.keras.Sequential()
3       model.add(layers.Conv2D(64, (5, 5), strides = (2, 2), padding = 'same',
4                                           input_shape = [28, 28, 1]))
5       model.add(layers.LeakyReLU())
6       model.add(layers.Dropout(0.3))
7
8       model.add(layers.Conv2D(128, (5, 5), strides = (2, 2), padding = 'same'))
9       model.add(layers.LeakyReLU())
10      model.add(layers.Dropout(0.3))
11
12      model.add(layers.Flatten())
13      model.add(layers.Dense(1))
14
15      return model
```

接下来可以使用尚未训练的判别器来对图片的真伪进行判断。模型将被训练成真实图片输出正值,为伪造图片输出负值。例如,代码清单 13-5 中显示图片被分类成了伪造图片。

代码清单 13-5

```
1   discriminator = make_discriminator_model()
2   decision = discriminator(generated_image)
3   print (decision)
4
5   # 输出 tf.Tensor([[ − 0.00427552]], shape = (1, 1), dtype = float32)
```

13.4　损失函数和优化器

接下来为生成器与判别器两个模型定义损失函数和优化器。首先需要定义如代码清单 13-6 所示的辅助函数。

代码清单 13-6

```
1   # 该方法返回计算交叉熵损失的辅助函数
2   cross_entropy = tf.keras.losses.BinaryCrossentropy(from_logits = True)
```

13.4.1　判别器损失

下面实现的方法能够量化判别器判断图片真伪的能力。它将判别器对真实图片的预测值与值全为 1 的数组进行对比,对比后计算两数组的交叉熵。同理,将判别器对伪造

（生成的）图片的预测值与值全为 0 的数组进行对比，并计算交叉熵。最后将两部分交叉熵相加作为最后的损失值。具体实现如代码清单 13-7 所示。

代码清单 13-7

```
1  def discriminator_loss(real_output, fake_output):
2      real_loss = cross_entropy(tf.ones_like(real_output), real_output)
3      fake_loss = cross_entropy(tf.zeros_like(fake_output), fake_output)
4      total_loss = real_loss + fake_loss
5      return total_loss
```

13.4.2 生成器损失

生成器损失量化其欺骗判别器的能力。直观来讲，如果生成器表现良好，判别器将会把伪造图片判断为真实图片（即输出数字 1）。这里把判别器在生成图片上的判断结果与一个值全为 1 的数组进行对比。由于需要分别训练两个网络，判别器和生成器的优化器是不同的，因而声明如下两个优化器。具体如代码清单 13-8 所示。

代码清单 13-8

```
1  def generator_loss(fake_output):
2      return cross_entropy(tf.ones_like(fake_output), fake_output)
3
4  generator_optimizer = tf.keras.optimizers.Adam(1e-4)
5  discriminator_optimizer = tf.keras.optimizers.Adam(1e-4)
```

13.4.3 保存检查点

接下来的部分将会展示如何保存和恢复模型，这对于需要长时间训练的任务来说是非常必要的，因为可以有效防止中途被中断的情况。具体如代码清单 13-9 所示。

代码清单 13-9

```
1  checkpoint_dir = './training_checkpoints'
2  checkpoint_prefix = os.path.join(checkpoint_dir, "ckpt")
3  checkpoint = tf.train.Checkpoint(generator_optimizer = generator_optimizer,
4                                   discriminator_optimizer = discriminator_optimizer,
5                                   generator = generator,
6                                   discriminator = discriminator)
```

13.5 定义训练循环

首先，定义代码中控制循环的超参，包括 epoch 的大小等。训练循环在生成器接收到一个随机种子作为输入时开始，该种子用于生产一张图片。判别器随后被用于区分真实图片（选自训练集）与伪造图片（由生成器生成）。针对这里的每一个模型（生成器和判别

器)都计算损失函数,并且计算梯度用于更新生成器与判别器。代码和注释如代码清单
13-10 所示。

代码清单 13-10

```
1   EPOCHS = 50
2   noise_dim = 100
3   num_examples_to_generate = 16
4   # 重复使用该种子(因此在动画 GIF 中更容易可视化进度)
5   seed = tf.random.normal([num_examples_to_generate, noise_dim])
6
7   # 注意 tf.function 的使用,该注解使函数被编译
8   @tf.function
9   def train_step(images):
10      noise = tf.random.normal([BATCH_SIZE, noise_dim])
11
12      with tf.GradientTape() as gen_tape, tf.GradientTape() as disc_tape:
13      generated_images = generator(noise, training = True)
14
15      real_output = discriminator(images, training = True)
16      fake_output = discriminator(generated_images, training = True)
17
18      gen_loss = generator_loss(fake_output)
19      disc_loss = discriminator_loss(real_output, fake_output)
20
21      gradients_of_generator = gen_tape.gradient(gen_loss, generator.trainable_
        variables)
22      gradients_of_discriminator = disc_tape.gradient(disc_loss, discriminator.
        trainable_variables)
23
24      generator_optimizer.apply_gradients(zip(gradients_of_generator, generator.
        trainable_variables))
25      discriminator_optimizer.apply_gradients(zip(gradients_of_discriminator,
        discriminator.trainable_variables))
26
27  def train(dataset, epochs):
28   for epoch in range(epochs):
29      start = time.time()
30
31      for image_batch in dataset:
32       train_step(image_batch)
33
34      # 继续进行时为 GIF 生成图片
35      display.clear_output(wait = True)
36      generate_and_save_images(generator,
37                                epoch + 1,
38                                seed)
39
40      # 每 15 个 epoch 保存一次模型
41      if (epoch + 1) % 15 == 0:
42       checkpoint.save(file_prefix = checkpoint_prefix)
43
```

```
44          print ('Time for epoch {} is {} sec'.format(epoch + 1, time.time() - start))
45
46    ♯ 最后一个 epoch 结束后生成图片
47    display.clear_output(wait = True)
48    generate_and_save_images(generator,
49                                        epochs,
50                                        seed)
51
```

接下来定义生成与保存图片的函数。具体实现如代码清单 13-11 所示。

代码清单 13-11

```
1    def generate_and_save_images(model, epoch, test_input):
2       ♯ 注意,将 training 设定为 False
3       ♯ 因此,所有层都在推理模式下运行(batchnorm)
4       predictions = model(test_input, training = False)
5
6       fig = plt.figure(figsize = (4,4))
7
8       for i in range(predictions.shape[0]):
9            plt.subplot(4, 4, i + 1)
10           plt.imshow(predictions[i, :, :, 0] * 127.5 + 127.5, cmap = 'gray')
11           plt.axis('off')
12
13      plt.savefig('image_at_epoch_{:04d}.png'.format(epoch))
14      plt.show()
```

13.6　训练模型和输出结果

调用上面定义的 train()方法来同时训练生成器和判别器。注意,训练生成对抗网络 GAN 可能是棘手的,因为在训练过程中生成器和判别器往往不能互相压制对方。例如, 它们以相似的学习率训练,两者的学习效果相近。

在训练之初,生成的图片看起来像是随机噪声。随着训练过程的进行,生成的数字将 越来越真实。在大概 50 个 epoch 之后,这些图片看起来像是 MNIST 数字。最后生成的 图片如图 13.5 所示。

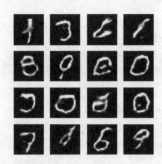

图 13.5　50 个 epoch 后生成对抗网络在 MNIST 数据集上的生成效果

第 14 章

视频讲解

基于迁移学习的电影评论分类

本章将使用迁移学习（Transfer Learning）来解决一个典型的二分类（Binary Classification）问题——IMDB 电影评论分类问题。为了快速实现基于 TensorFlow 的迁移学习，本章除了使用 Keras 来构建模型外，还引入了 TensorFlow Hub。TensorFlow Hub 是用于存储可重用机器学习资产的开放仓库和库，包含经过训练的机器学习模型的代码库。

14.1　迁移学习概述

首先，要弄清楚迁移学习这一概念，了解这一算法概念的提出是基于怎样的现实问题。随着越来越多的机器学习应用场景的出现，而现有表现比较好的监督学习方法需要大量的标注数据。标注数据是一项枯燥无味且花费巨大的任务，而迁移学习可以借助已有模型的参数，大幅度减少所需要的数据标注的量，所以迁移学习受到越来越多的关注。在传统的机器学习的主要部分有监督学习的任务中，对解决的问题和数据有着如下假设：

（1）同分布假设；

（2）需要大量有标注的数据（数据与标签）。

而在实际情况中数据往往不够理想，一是数据分布有所差异；二是标注数据数量不足。因此，便需要借鉴迁移学习的思想，将某个领域或任务上学习到的知识或模式应用到不同但相关的领域或问题中。本章从一个比较相关的任务模型出发，以期待能有一个相对高的起点和更高的最终结果，迁移学习的优点粗略表示如图 14.1 所示。

在实际生活中，"迁移学习"的身影并不少见，事实上大家之所以能够快速地积累知识、认识和改造世界，除了具有可学习能力，"迁移学习"能力同样不可或缺。通常，对于背过很多诗词的人，往往很容易理解、背诵和应用其他新的诗词。学习并熟练掌握了 C、C++ 等

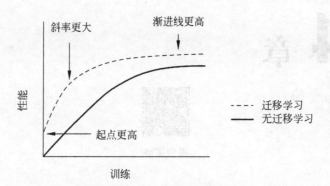

图 14.1　迁移学习的优点粗略表示

语言的程序员，在接触新的计算机语言时，其学习效率往往远高于编程小白。这样的能力便是大家通常所说的"举一反三"。那么，在模型训练任务中是否可以吸取这种思想呢？

　　答案当然是可以的。具体来说，迁移学习是从相关领域中迁移标注数据或者知识结构、完成或改进目标领域或任务的学习效果。通过训练深度神经网络，使之具有识别所给数据集的物体类型的能力，前面的卷积网络起到的主要作用是反复多层提取图像二维特征，后面的全连接层或者 1×1 卷积核的卷积网络可以起到组合特征的作用，将不同的特征组合拟合到不同物体中去。而且像 VGG 16 深层网络模型结合 COCO 那样比较大型的数据集训练完成往往耗费较大资源，当遇到一个新的物品类别需要识别的时候，该怎样做呢？再从头开始训练吗？这显然不现实，因为一方面现有的数据往往是不充足的（在图像识别上），另一方面缺乏其他类型物品与之区别训练（即，训练不相关图像同样有助于此物体的识别）。因此，最好的方法可能是导入训练好的模型权重和继续训练新的数据集来实现图像识别的迁移学习。

　　因此，想比较聪明地完成对 IMDB 数据集电影评论进行分类，就需要借鉴迁移学习的思想。

14.2　IMDB 数据集

　　除了上述所介绍的知识，还需要对来源于网络电影数据库（internet movie database）的 IMDB 数据集（IMDB Dataset）有一个初步的了解。顾名思义，IMDB dataset 包含50000 条影评文本。从该数据集切割出的 25000 条评论用作训练，另外 25000 条用作测试。除此之外，训练集与测试集还是平衡的，这意味着它们包含相等数量的积极和消极评论。

　　为了更加交互式地介绍，采取将代码与内容同步进行的方式。首先，需要导入必要的包并查看一些基础信息。代码和运行结果如代码清单 14-1 所示。

代码清单 14-1

```
1    # 导入库
2    from __future__ import absolute_import, division, print_function, unicode_literals
```

```
3    import numpy as np
4    import tensorflow as tf
5    import tensorflow_hub as hub
6    import tensorflow_datasets as tfds
7
8    print("Version: ", tf.__version__)
9    print("Eager mode: ", tf.executing_eagerly())
10   print("Hub version: ", hub.__version__)
11   print("GPU is", "available" if tf.config.experimental.list_physical_devices("GPU")
     else "NOT AVAILABLE")
12   # Results 结果
13   Version:  2.0.0
14   Eager mode:  True
15   Hub version:  0.7.0
16   GPU is NOT AVAILABLE
```

接下来,加载数据集。TensorFlow 数据集上提供了 IMDB 数据集。代码清单 14-2
将 IMDB 数据集下载到机器(或者 Colab 运行环境)中,第一次加载会自动网络下载到默
认的文件夹,之后再使用这段代码时,可直接将下载好的文件导入即可。

代码清单 14-2

```
1    # 将训练集按照 6:4 的比例进行切割,从而最终将得到 15000 个训练样本,
2    # 10000 个验证样本以及 25000 个测试样本
3    train_validation_split = tfds.Split.TRAIN.subsplit([6, 4])
4
5    (train_data, validation_data), test_data = tfds.load(
6        name = "imdb_reviews",
7        split = (train_validation_split, tfds.Split.TEST),
8        as_supervised = True)
```

该数据集中,每一个样本都是一个表示电影评论和相应标签的句子。该句子不以任
何方式进行预处理。标签是一个值为 0 或 1 的整数,其中 0 代表消极评论,1 代表积极
评论。

首先,打印前 10 个样本及其对应的标签。如代码清单 14-3 所示。

代码清单 14-3

```
1    # 使用迭代
2    train_examples_batch, train_labels_batch = next(iter(train_data.batch(10)))
3    print("train_examples_batch: ",train_examples_batch)
4    print("train_labels_batch: ",train_labels_batch)
```

该部分代码运行结果如图 14.2 所示。可以看出,每个样本是用影评内容的字符串表
示的,标签 0 或 1 分别代表消极评论和积极评论。

```
train_examples_batch:  tf.Tensor(
[b"As a lifelong fan of Dickens, I have invariably been disappointed by adaptations of his novels.<br /><br />Although his works present
 b"Oh yeah! Jenna Jameson did it again! Yeah Baby! This movie rocks. It was one of the 1st movies i saw of her. And i have to say i feel
 b"I saw this film on True Movies (which automatically made me sceptical) but actually - it was good. Why? Not because of the amazing pl
 b'This was a wonderfully clever and entertaining movie that I shall never tire of watching many, many times. The casting was magnificen
 b'I have no idea what the other reviewer is talking about- this was a wonderful movie, and created a sense of the era that feels like t
 b"This was soul-provoking! I am an Iranian, and living in th 21st century, I didn't know that such big tribes have been living in such
 b'Just because someone is under the age of 10 does not mean they are stupid. If your child likes this film you\'d better have him/her t
 b"I absolutely LOVED this movie when I was a kid. I cried every time I watched it. It wasn't weird to me. I totally identified with the
 b'A very close and sharp discription of the bubbling and dynamic emotional world of specialy one 18year old guy, that makes his first e
 b"This is the most depressing film I have ever seen. I first saw it as a child and even thinking about it now really upsets me. I know
train_labels_batch:  tf.Tensor([1 1 1 1 1 1 0 1 1 0], shape=(10,), dtype=int64)
```

图 14.2 IMDB dataset 前十个样本和对应标签

14.3 构建模型解决 IMDB 数据集分类问题

神经网络由堆叠的层（输入层、隐藏层、输出层）来构建，这需要从三个主要方面来进行体系结构决策。

- 如何表示我们的影评评论文本？
- 我们的模型里具体有多少层？
- 模型中每个层里包含有多少隐藏单元（hidden units）？

本示例中，输入数据由句子组成（输入层）。预测的标签为 0 或 1（输出层）。

下面所采用的表示文本的一种方式是将句子转换为嵌入向量（embedding vectors）。这里可以使用一个预先训练好的文本嵌入（text embedding）作为首层，因为这样操作，将具有三个好处。

- 不必担心文本预处理。
- 可以从迁移学习中受益。
- 嵌入具有固定长度，更易于处理。

我们有必要稍微深入一下这里的文字嵌入层（embedding layer）的工作原理。在处理文字、自然语言处理领域的深度学习实践中，我们常常会遇到 Embedding 层作为对语言处理的第一层，那么它有什么作用呢？Keras 中文文档中的简略介绍是：将正整数（索引值）转换为固定尺寸的稠密向量。例如：$[[4],[20]] -> [[0.25, 0.1], [0.6, -0.2]]$。我们使用嵌入层有如下的考量：

（1）当在自然语言处理（NLP）中遇到一个词汇量很大的字典时，不同于简单的分类任务（可以用 One-hot 编码方法对较少的分类目标编码），再使用 One-hot 编码方法得到的向量的维度会很高（等同于字典的大小）且极其稀疏（仅有一位非零），这样的效率很低。One-hot 编码示意如图 14.3 所示。

（2）嵌入层在神经网络模型的训练中，嵌入的向量会不断发生变化以适应训练数据。将单词投射到多维向量（而向量之间不像 One-hot 编码那样相互正交，不分享相似性），有助于我们发现多维空间中字典中单词的相关性，可以可视化词语之间的关系（语义相近或相关的距离近，其他的距离远），降维后的可视化示例如图 14.4 所示。

如果想要更加具体的话，可以举出 *Embedding and Tokenizer in Keras* 博客中的简单例子来查看 Embedding Layer 对一个句子做了怎样的处理。如 deep learning is very

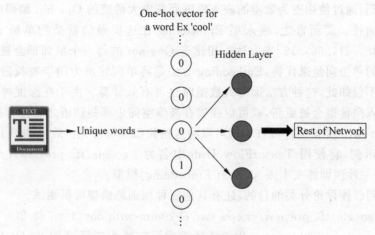

图 14.3 One-hot 编码示意

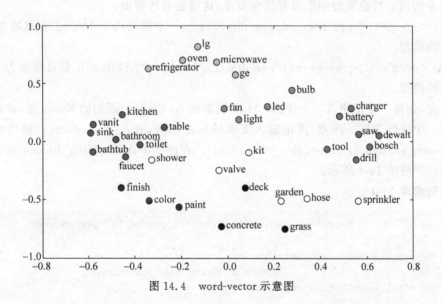

图 14.4 word-vector 示意图

deep。使用嵌入层 Embedding 的第一步是通过索引对该句子进行编码,这里给每一个不同的句子分配一个索引,上面的句子就会变成:"1 2 3 4 1"。接下来会创建嵌入矩阵,并要决定每一个索引需要分配多少个"潜在因子",这大体上意味着想要多少维度的向量。在这篇博客中,为了保持文章的可读性,可为每个索引指定 6 个潜在因子。嵌入矩阵具体形式如图 14.5 所示。

Indices	Latent Factors					
1	.32	.02	.48	.21	.56	.15
2	.65	.23	.41	.57	.03	.92
3	.45	.87	.89	.45	.12	.01
4	.65	.21	.25	.45	.78	.82

图 14.5 嵌入矩阵具体形式

可以看到，通过使用更为紧凑的嵌入矩阵而非庞大稀疏的 One-hot 编码向量，可以保持向量的简洁性。简而言之，嵌入层 Embedding 在这里做的就是把单词 deep 用向量 [.32,.02,.48,.21,.56,.15] 来表达。相比于 One-hot 的每一个单词都会被一个具有整个字典维度的单位向量来代替，Embedding 方法是将单词替换为用于查找嵌入矩阵中向量的索引。不仅如此，这种方法面对大数据时也可有效计算。由于在深度神经网络的训练过程中嵌入向量也会被更新，就可以探索在高维空间中哪些词语之间具有彼此相似性，再通过使用 t-SNE 类似的降维技术就可以将这些相似性可视化。效果如图 14.4 所示。

针对此示例，将使用 TensorFlow Hub 中名为 < google/tf2-preview/gnews-swivel-20dim/1 > 的一种预训练文本嵌入（Text Embedding）模型。

为了达到影评评论分类的目的，还有其他三种预训练模型可供测试。

（1） < google/tf2-preview/gnews-swivel-20dim-with-oov/1 >：类似 < google/tf2-preview/gnews-swivel-20dim/1 >，但 2.5% 的词汇转换为未登录词桶（OOV buckets）。如果任务的词汇与模型的词汇没有完全重叠，这将会有所帮助。

（2） < google/tf2-preview/nnlm-en-dim50/1 >：一个拥有约 1MB 词汇量且维度为 50 的更大的模型。

（3） < google/tf2-preview/nnlm-en-dim128/1 >：拥有约 1MB 词汇量且维度为 128 维的更大的模型。

首先，创建一个使用 TensorFlow Hub 模型嵌入（Embed）语句的 Keras 层，并在几个输入样本中进行尝试。注意，无论输入文本的长度如何，嵌入（embeddings）输出的形状都是：(num_examples, embedding_dimension)。在此例中，embedding dimension 为 20。具体如代码清单 14-4 所示。

代码清单 14-4

```
1  embedding = "https://hub.tensorflow.google.cn/google/tf2-preview/gnews-swivel-
   20dim/1"
2  hub_layer = hub.KerasLayer(embedding, input_shape=[],
3                             dtype=tf.string, trainable=True)
4  print(hub_layer(train_examples_batch[:3]))
```

结果如代码输出 14-1 所示。可以看到 Tensor 的维度（shape）是 (3,20)。其中 3 代表 train_examples_batch 的前 3 个结果，而 20 则代表 embedding dimension。

代码输出 14-1

```
1  # Results
2  tf.Tensor(
3  [[. 3.9819887    -4.4838037     5.177359    -2.3643482    -3.2938678    -3.5364532
4    -2.4786978     2.5525482     6.688532    -2.3076782    -1.9807833     1.1315885
5    -3.0339816    -0.7604128    -5.743445     3.4242578     4.790099    -4.03061
6    -5.992149     -1.7297493 ]
7   [ 3.4232912    -4.230874      4.1488533   -0.29553518   -6.802391    -2.5163853
8    -4.4002395     1.905792      4.7512794   -0.40538004   -4.3401685     1.0361497
9     0.9744097     0.71507156   -6.2657013    0.16533905    4.560262    -1.3106939
```

```
10    - 3.1121316   - 2.1338716 ]
11  [  3.8508697   - 5.003031     4.8700504   - 0.04324996  - 5.893603     - 5.2983093
12   - 4.004676     4.1236343     6.267754     0.11632943  - 3.5934832     0.8023905
13     0.56146765   0.9192484   - 7.3066816    2.8202746    6.2000837    - 3.570939
14   - 4.564525    - 2.305622   ]], shape = (3, 20), dtype = float32)
```

接下来就可以构建完整的模型了。具体代码如代码清单 14-5 所示。

代码清单 14-5

```
1  model = tf.keras.Sequential()
2  model.add(hub_layer)
3  model.add(tf.keras.layers.Dense(16, activation = 'relu'))
4  model.add(tf.keras.layers.Dense(1, activation = 'sigmoid'))
5
6  model.summary()
```

运行结果(模型概况——model. summary())如代码输出 14-2 所示。

代码输出 14-2

```
1   Model: "sequential"
2   _____
3   Layer (type)                 Output Shape              Param #
4   ================================================================
5   keras_layer (KerasLayer)     (None, 20)                400020
6
7   dense (Dense)                (None, 16)                336
8
9   dense_1 (Dense)              (None, 1)                 17
10  ================================================================
11  Total params: 400,373
12  Trainable params: 400,373
13  Non - trainable params: 0
14  _____
```

然后,我们把层作为神经网络的具体形式,按顺序堆叠来构建分类器:

(1) 第一层是 Tensorflow Hub 层。这一层使用一个预训练的保存好的模型来将句子映射为嵌入向量(Embedding Vector)。这里所使用的预训练文本嵌入(Embedding)模型(google/tf2-preview/gnews-swivel-20dim/1)将句子切割为符号,嵌入(Embed)每个符号然后进行合并。最终得到的维度是:(num_examples, embedding_dimension)。

(2) 该定长输出向量通过一个有 16 个隐藏单元的全连接层(Dense)进行管道传输。

(3) 最后一层与单个输出节点紧密相连。使用 Sigmoid 激活函数,其函数值为介于 0 与 1 之间的浮点数,表示概率或置信水平。

接下来是对定义好的模型进行编译,需要做的是选择损失函数和优化器。

一个模型需要损失函数和优化器来进行训练。由于这是一个二分类问题且模型输出概率值（一个使用 sigmoid 激活函数的单一单元层），我们将使用 binary_crossentropy 损失函数。但这并不是损失函数的唯一选择，例如，我们可以选择 mean_squared_error。但是，一般来说 binary_crossentropy 更适合处理概率——它能够度量概率分布之间的"距离"，或者在我们的示例中，指的是度量 ground-truth 分布与预测值之间的"距离"。而当我们研究回归问题（例如，预测房价）时，我们将介绍如何使用另一种叫作均方误差的损失函数。

现在，配置模型来使用优化器和损失函数，具体如代码清单 14-6 所示。

代码清单 14-6

```
1  ♯ 设置优化器和损失函数
2  model.compile(optimizer = 'adam', loss = 'binary_crossentropy', metrics = ['accuracy'])
```

14.4　模型训练和结果展示

下面将以 512 个样本的 mini-batch 大小迭代 20 个 epoch 来训练模型。这是指对 x_train 和 y_train 张量中所有样本的 20 次迭代。与此同时，在训练过程中，我们将监测来自验证集的 10000 个样本上的损失值（loss）和准确率（accuracy）。具体如代码清单 14-7 所示。

代码清单 14-7

```
1  history = model.fit(train_data.shuffle(10000).batch(512), epochs = 20,
2                   validation_data = validation_data.batch(512), verbose = 1)
```

在训练过程中，程序输出如代码输出 14-3 所示。注意，不同性能的机器，其运行代码的速度也不同。

代码输出 14-3

```
1   Epoch 1/20
2   30/30 [ ============================ ] － 5s 153ms/step － loss: 0.9062 －
    accuracy: 0.4985 － val_loss: 0.0000e + 00 － val_accuracy: 0.0
3   Epoch 2/20
4   30/30 [ ============================ ] － 4s 117ms/step － loss: 0.7007 －
    accuracy: 0.5625 － val_loss: 0.6692 － val_accuracy: 0.6029
5   Epoch 3/20
6   30/30 [ ============================ ] － 4s 117ms/step － loss: 0.6486 －
    accuracy: 0.6379 － val_loss: 0.6304 － val_accuracy: 0.6543
7   Epoch 4/20
8   30/30 [ ============================ ] － 4s 117ms/step － loss: 0.6113 －
    accuracy: 0.6866 － val_loss: 0.5943 － val_accuracy: 0.6966
9   Epoch 5/20
10  30/30 [ ============================ ] － 3s 114ms/step － loss: 0.5764 －
    accuracy: 0.7176 － val_loss: 0.5650 － val_accuracy: 0.7201
```

```
11  Epoch 6/20
12  30/30 [ ============================== ] – 3s 109ms/step – loss: 0.5435 –
    accuracy: 0.7447 – val_loss: 0.5373 – val_accuracy: 0.7424
13  Epoch 7/20
14  30/30 [ ============================== ] – 3s 110ms/step – loss: 0.5132 –
    accuracy: 0.7723 – val_loss: 0.5080 – val_accuracy: 0.7667
15  Epoch 8/20
16  30/30 [ ============================== ] – 3s 110ms/step – loss: 0.4784 –
    accuracy: 0.7943 – val_loss: 0.4790 – val_accuracy: 0.7833
17  Epoch 9/20
18  30/30 [ ============================== ] – 3s 110ms/step – loss: 0.4440 –
    accuracy: 0.8172 – val_loss: 0.4481 – val_accuracy: 0.8054
19  Epoch 10/20
20  30/30 [ ============================== ] – 3s 112ms/step – loss: 0.4122 –
    accuracy: 0.8362 – val_loss: 0.4204 – val_accuracy: 0.8196
21  Epoch 11/20
22  30/30 [ ============================== ] – 3s 110ms/step – loss: 0.3757 –
    accuracy: 0.8534 – val_loss: 0.3978 – val_accuracy: 0.8290
23  Epoch 12/20
24  30/30 [ ============================== ] – 3s 111ms/step – loss: 0.3449 –
    accuracy: 0.8685 – val_loss: 0.3736 – val_accuracy: 0.8413
25  Epoch 13/20
26  30/30 [ ============================== ] – 3s 109ms/step – loss: 0.3188 –
    accuracy: 0.8798 – val_loss: 0.3570 – val_accuracy: 0.8465
27  Epoch 14/20
28  30/30 [ ============================== ] – 3s 110ms/step – loss: 0.2934 –
    accuracy: 0.8893 – val_loss: 0.3405 – val_accuracy: 0.8549
29  Epoch 15/20
30  30/30 [ ============================== ] – 3s 109ms/step – loss: 0.2726 –
    accuracy: 0.9003 – val_loss: 0.3283 – val_accuracy: 0.8611
31  Epoch 16/20
32  30/30 [ ============================== ] – 3s 111ms/step – loss: 0.2530 –
    accuracy: 0.9079 – val_loss: 0.3173 – val_accuracy: 0.8648
33  Epoch 17/20
34  30/30 [ ============================== ] – 3s 113ms/step – loss: 0.2354 –
    accuracy: 0.9143 – val_loss: 0.3096 – val_accuracy: 0.8679
35  Epoch 18/20
36  30/30 [ ============================== ] – 3s 112ms/step – loss: 0.2209 –
    accuracy: 0.9229 – val_loss: 0.3038 – val_accuracy: 0.8700
37  Epoch 19/20
38  30/30 [ ============================== ] – 3s 112ms/step – loss: 0.2037 –
    accuracy: 0.9287 – val_loss: 0.2990 – val_accuracy: 0.8736
39  Epoch 20/20
40  30/30 [ ============================== ] – 3s 109ms/step – loss: 0.1899 –
    accuracy: 0.9349 – val_loss: 0.2960 – val_accuracy: 0.8751
```

接下来我们来看一下模型的表现如何。代码清单 14-8 将返回两个值。损失值（loss）
（一个表示误差的数字，值越低越好）与准确率（accuracy）。

代码清单 14-8

```
1  results = model.evaluate(test_data.batch(512), verbose = 2)
2  for name, value in zip(model.metrics_names, results):
3    print("%s: %.3f" % (name, value))
```

结果如代码输出 14-4 所示。

代码输出 14-4

```
1  49/49 - 2s - loss: 0.3163 - accuracy: 0.8651
2  loss: 0.316
3  accuracy: 0.865
```

这种朴素的方法得到了约 87% 的准确率(accuracy)。

第 **15** 章

视频讲解

基于LSTM的原创音乐生成

15.1 样例背景介绍

人工智能是近年来十分火热的计算机学科分支,而最近这一次人工智能热潮则与深度神经网络的惊人应用密切相关。神经网络正改善着我们生活的方方面面:可以推荐可能感兴趣的商品;可以根据作者的写作风格生成文本;还可以用来改变图像的艺术风格。Python 这门编程语言因其自身的简洁性和易用性,受到了人工智能相关社区的青睐。TensorFlow、PyTorch、Keras 等用于搭建神经网络的工具都为 Python 提供了强大的支持。在本章中,将介绍如何使用 TensorFlow 在 Python 中使用循环神经网络生成原创音乐。

在详细介绍实现方法之前,需要简要解释一些专用术语。

15.1.1 循环神经网络

循环神经网络(recurrent neural network,RNN)是一类常用于处理序列信息的人工神经网络。它被称为"循环",是因为它们对序列的每个元素执行相同的功能,同时处理每个元素所得到的结果也与先前元素的计算结果有关。而传统神经网络中每个元素的运算结果是完全独立于先前计算的。

在本章中,将使用长期短期记忆(LSTM)网络。LSTM 网络是循环神经网络最负盛名的变种之一。由于使用了门控机制,LSTM 特别适合于处理和预测时间序列中间隔和延迟非常长的重要事件,对于解决网络必须长时间记住信息的问题表现十分出众,音乐和文本生成就是一个十分典型的场景。

15.1.2 Music 21

Music 21 是一个用计算机来辅助音乐研究的 Python 工具包。可以用来阐释一些音乐理论的基础知识，生成音乐示例和学习音乐。该工具包提供了一个简单的接口来获取 MIDI 文件的乐谱。此外，它允许读者创建 Note 和 Chord 对象，以便轻松制作自己的 MIDI 文件。

在本章中，将使用 Music 21 提取数据集的内容并在获取神经网络的输出后，将其转换为乐谱。

15.1.3 TensorFlow

本章使用 TensorFlow（2.5.0 版）作为搭建与训练神经网络的基础框架。一旦模型被训练好之后，就使用它生成新音乐的乐谱。

15.2 项目结构设计

本章中将为读者介绍的音乐生成项目有着十分经典的数据科学的学科特点，比如数据驱动的理念，允许快速验证迭代，可扩展性强等。本章节为读者梳理了此类型项目的通用流程，主要包括实验环境准备、数据初步分析、搭建数据预处理流程、设计并实现模型、验证模型效果并尝试迭代改进等一系列必需的步骤，以帮助读者理解项目的脉络，尽快将所学应用到实践中去。

在代码结构方面，本章力求尽量精简地为读者们呈现深度学习项目的必备要素，将训练模型和验证模型两部分划分为两个不同的代码文件，并按顺序进行介绍。在训练部分，将详细介绍数据的预处理流程，并结合实例与示意图对深度学习的一些基本概念进行讲解，一步一步地带领读者构建出完整的项目代码。验证部分会带领读者对模型的结果做一个基本的分析，并尝试提出下一步可供改进和尝试的方向供读者自行探索。

15.3 实验步骤

15.3.1 搭建实验环境

本章的所有代码都在 Python 3.8 环境中进行了实验验证，在搭建好 Python 环境后，需要安装本章项目所需要的依赖包，如代码清单 15-1 所示。读者可以通过 pip 安装这些依赖，或者将下列清单复制到文本文件中，并通过 pip install -r <文本文件名>这一命令批量安装这些依赖。

代码清单 15-1

```
1   # 环境依赖清单 1
2   h5py == 2.10.0
3   tensorflow == 2.5.0
4   music21 == 5.7.0
```

```
5   numpy == 1.17.3
6   PyYAML == 5.1.2
7   scipy == 1.3.1
8   six == 1.12.0
```

15.3.2　观察并分析数据

在本章的样例项目中,为读者提供了许多钢琴音乐片段,这些片段主要来源于经典的RPG游戏《最终幻想》。选择《最终幻想》的音乐,是因为其大部分作品都有非常独特和优美的旋律并且片段的数量也很多。读者可以从本书前言二维码中获得这些片段,路径为:<最终文件路径>。当然,任何由单个乐器演奏的 MIDI 乐曲都可以用来训练模型,读者可以自行调整选择自己喜欢的音乐来源。

实现神经网络的第一步是检查将要使用的数据。使用 Music 21 读取 midi 文件得到的打印结果如代码输出 15-1 所示。

代码输出 15-1

```
1   < music21.note.Note F >
2   < music21.chord.Chord A2 E3 >
3   < music21.chord.Chord A2 E3 >
4   < music21.note.Note E >
5   < music21.chord.Chord B − 2 F3 >
6   < music21.note.Note F >
7   < music21.note.Note G >
8   < music21.note.Note D >
9   < music21.chord.Chord B − 2 F3 >
10  < music21.note.Note F >
11  < music21.chord.Chord B − 2 F3 >
12  < music21.note.Note E >
13  < music21.chord.Chord B − 2 F3 >
14  < music21.note.Note D >
15  < music21.chord.Chord B − 2 F3 >
16  < music21.note.Note E >
17  < music21.chord.Chord A2 E3 >
```

可以看到,数据分为两种对象类型:Note 和 Chord。

(1) Note。

Note 对象包含了一个音符的音高(pitch)属于哪个八度音程(octave)和偏移(offset)的信息。

① 音高是指声音的频率,用字母[A,B,C,D,E,F,G]表示,其中 A 是最高的,G 是最低的。

② 八度音程指的是在钢琴上使用的是哪组音高。

③ 偏移指的是音符位于乐曲中的位置。

（2）和旋。

和旋（Chord）对象则是指一组同时播放的音符。

为了准确地生成音乐，神经网络必须能够预测乐曲中下一个音符或和弦是什么。这意味着预测种类必须包含训练集中所有不同音符和和弦对象。在本章提供的数据中，不同音符和和弦的总数为352。读者可能会认为网络要预测的可能种类太多了，但之后可以看到，LSTM网络可以很轻松地处理这个任务。

接下来要关心的一点是如何记录输出的音符序列。任何听过音乐的人都会注意到，通常在音符与音符之间会有不同的时间间隔。一首乐曲可以快速急促地演奏许多音符，然后慢慢变得舒缓，单位时间内演奏的音符逐渐减少。

代码输出 15-2 展示了另外一个使用 Music 21 读取的 midi 文件的摘录，不过这次额外输出了每一个音符或和弦的偏移量。可以通过偏移量来查看每个音符和和弦之间的间隔。

代码输出 15-2

```
1    <music21.note.Note B> 72.0
2    <music21.chord.Chord E3 A3> 72.0
3    <music21.note.Note A> 72.5
4    <music21.chord.Chord E3 A3> 72.5
5    <music21.note.Note E> 73.0
6    <music21.chord.Chord E3 A3> 73.0
7    <music21.chord.Chord E3 A3> 73.5
8    <music21.note.Note E-> 74.0
9    <music21.chord.Chord F3 A3> 74.0
10   <music21.chord.Chord F3 A3> 74.5
11   <music21.chord.Chord F3 A3> 75.0
```

从这段摘录和其他大部分数据中可以看出，midi 文件中音符之间最常见的间隔是0.5。在这次实践中，可以选择忽略掉音乐序列中的节奏变化来简化数据和模型。它不会太严重地影响网络产生的音乐的旋律。

15.3.3　数据预处理

通过对数据进行检查，确定了 LSTM 网络输入输出的和弦和音符的数据特征规范，下一步，将为网络准备训练数据。

首先，将数据加载到数组中，如代码清单 15-2 所示。

代码清单 15-2

```
1    from music21 import converter, instrument, note, chord
2
3    notes = []
4      for midi_file in glob.glob("midi_datasets/ * .mid"):
5          midi_parsed = converter.parse(midi_file)
6
7          print("Parsing % s" % midi_file)
```

```
8
9          notes_or_chords_to_parse = None
10
11         try: # 文件中有多个乐器
12             s2 = instrument.partitionByInstrument(midi_parsed)
13             notes_or_chords_to_parse = s2.parts[0].recurse()
14         except: # 文件中为单一乐器
15             notes_or_chords_to_parse = midi_parsed.flat.notes
16
17         for element in notes_or_chords_to_parse:
18             if isinstance(element, note.Note):
19                 notes.append(str(element.pitch))
20             elif isinstance(element, chord.Chord):
21                 notes.append('.'.join(str(n) for n in element.normalOrder))
```

　　首先使用 converter.parse(midi_file) 函数将每个文件加载到 Music 21 流对象中。使用该流对象，可以获取到文件中所有音符和和弦的列表。用不同的字符来表示不同的音符的音高，并用和弦中每个音符的 id 编码拼合成的字符串来代表一个和弦（音符与音符间用点分隔）。这样的编码方式能够轻松地将网络生成的输出解码为正确的音符和和弦。

　　将所有音符和和弦放入了顺序列表中之后，下一步是创建用作网络输入的序列。映射函数示例如图 15.1 所示。

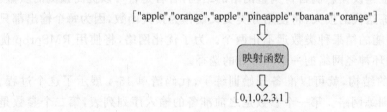

图 15.1　映射函数示例

　　由图 15.1 可以看到，当从分类数据转换为数值数据时，数据将转换为整数索引，表示类别在不同值集合中的位置。例如 apple 是第一个不同的值，因此它映射到 0；orange 是第二个，因此它映射到 1；pineapple 是第三个，因此它映射到 2；依此类推。

　　首先，将创建一个映射函数，以便从基于字符串的分类数据映射到基于整数的数值数据。这样做是因为基于整数的数值数据神经网络比基于字符串的分类数据表现更好。图 15.1 中可以看到分类到数值转换的示例。

　　接下来，必须为网络构建训练用的输入序列输出。每个输入对应的输出就是列表中的下一个音符或和弦。具体如代码清单 15-3 所示。

代码清单 15-3

```
1   model = tf.keras.Sequential([
2       tf.keras.layers.LSTM(
3           512,
4           input_shape = (network_input.shape[1], network_input.shape[2]),
```

```
5              return_sequences = True
6        ),
7        tf.keras.layers.Dropout(.3),
8        tf.keras.layers.LSTM(512, return_sequences = True),
9        tf.keras.layers.Dropout(.3),
10       tf.keras.layers.LSTM(512),
11       tf.keras.layers.Dense(256),
12       tf.keras.layers.Dropout(.3),
13       tf.keras.layers.Dense(n_vocab),
14       tf.keras.layers.Activation("softmax")
15   ])
16   model.compile(loss = 'categorical_crossentropy', optimizer = 'rmsprop')
```

对于每个 LSTM、全连接和激活层，第一个参数是该层应具有的神经元个数。对于 Dropout 层，第一个参数是在训练期间应丢弃的输入单位的比例。

神经网络的第一层，必须提供一个名为 input_shape 的参数。这个参数的目的是设定网络将要接收到的数据的维度。

最后一层应始终包含与系统预期输出的不同结果种类数量相同的神经元点数量。这可以确保网络的输出能够直接映射到结果类别。

在本文中，将使用一个由三个 LSTM 层、三个 Dropout 层、两个全连接层和一个激活层组成的简单网络。也建议读者们自行调整网络的结构，看看是否可以提高预测的质量。

为了计算每次训练迭代的损失，将使用分类交叉熵作为损失函数，因为每个输出都只属于一个类别，而且可能的结果种类数远不止两个。为了优化网络，将使用 RMSprop 优化器，这通常是优化循环神经网络的一个非常好的选择。

一旦确定了网络的结构，就可以准备开始训练了，代码清单 15-4 展示了这个过程。model.fit()函数用于训练网络。第一个参数是之前准备的输入序列列表，第二个参数是它们所对应输出的列表。在本文中，将训练网络 200 个 Epoch（迭代），网络每次迭代所计算的 batch（批次）包含 64 个样本。

代码清单 15-4

```
1    filepath = "weights-{epoch:02d}-{loss:.4f}.hdf5"
2    checkpoint = tf.keras.callbacks.ModelCheckpoint(
3        filepath,
4        monitor = 'loss',
5        verbose = 0,
6        save_best_only = True,
7        mode = 'min'
8    )
9    callbacks_list = [checkpoint]
10
11   model.fit(network_input, network_output, epochs = 200, batch_size = 64, callbacks =
     callbacks_list)
```

为了确保可以在任何时间点暂停训练而不至前功尽弃，需要使用模型检查点

（checkpoint）。模型检查点提供了一种在每个 Epoch 之后将网络节点的权重保存到文件的方法。能够在损失值满足一定条件时停止运行神经网络，而不用担心丢掉训练了一半权重。否则，要等到网络完成所有 200 个 Epoch 的训练之后才能将权重保存到文件中。

15.3.4　生成音乐

如果已经完成了模型的训练，就该检验一下几个小时训练的成果了。

为了能够使用神经网络生成音乐，必须将模型配置到与训练完毕时相同的状态。简单起见，将重用训练部分中的代码来准备数据并用与以前相同的方式设置网络模型。但与训练时不同，生成时将直接把之前保存的权重加载到模型中。代码清单 15-5 展示了如何配置模型并加载预训练的权重。

代码清单 15-5

```
1   model = Sequential()
2   model = tf.keras.Sequential([
3       tf.keras.layers.LSTM(
4           512,
5           input_shape = (network_input.shape[1], network_input.shape[2]),
6           return_sequences = True
7       ),
8       tf.keras.layers.Dropout(.3),
9       tf.keras.layers.LSTM(512, return_sequences = True),
10      tf.keras.layers.Dropout(.3),
11      tf.keras.layers.LSTM(512),
12      tf.keras.layers.Dense(256),
13      tf.keras.layers.Dropout(.3),
14      tf.keras.layers.Dense(n_vocab),
15      tf.keras.layers.Activation("softmax")
16  ])
17  model.compile(loss = 'categorical_crossentropy', optimizer = 'rmsprop')
18  model.load_weights('weights.hdf5')
```

由于之前已经有了一个完整的乐曲音符序列，将在序列中选择一个随机的位置作为起点，这样在每次重新运行生成代码时，无须改变任何内容就可以得到不同的结果。当然，如果要控制起点的位置，只要使用命令行参数替换随机函数就可以了。

在这里，还需要创建一个映射函数来解码网络的输出。这个函数将把网络输出的数值数据映射到分类数据（从整数到音符），如代码清单 15-6 所示。

代码清单 15-6

```
1   start = numpy.random.randint(0, len(network_input) - 1)
2   int_to_note = dict((number, note) for number, note in enumerate(pitchnames))
3   pattern = network_input[start]
4   prediction_output = []
5
6   # 生成 500 个音符
```

```
7           for note_index in range(500):
8               prediction_input = numpy.reshape(pattern, (1, len(pattern), 1))
9               prediction_input = prediction_input / float(n_vocab)
10
11              prediction = model.predict(prediction_input, verbose = 0)
12
13              index = numpy.argmax(prediction)
14              result = int_to_note_pitch[index]
15              prediction_output.append(result)
16
17              pattern.append(index)
18              pattern = pattern[1:len(pattern)]
```

让网络生成 500 个音符，大概是两分钟的音乐，这个长度给网络提供了足够的空间来"进行创作"。想要生成一个音符，必须向模型输入一个序列。提交的第一个序列是起始位置处开始的音符串。对于之后的生成过程，将删除输入序列的第一个音符，并在序列的末尾插入前一次迭代的输出，如图 15.2 所示，一个输入序列是 ABCDE。模型相应的输出是 F。下一次迭代时，删除输入序列中的 A 并将 F 附加到序列末尾。一直重复这个过程就可以得到整个乐曲的旋律。

为了从网络输出中确定可能性最高的预测，需要获得最大值所对应的索引。输出数组中索引 X 处的值对应于 X 是下一个音符的概率。图 15.3 展示了网络的原始输出和相对应音符类之间的映射。可以看到下一个值概率最高的是 D，所以选择 D 作为最可能的音符。

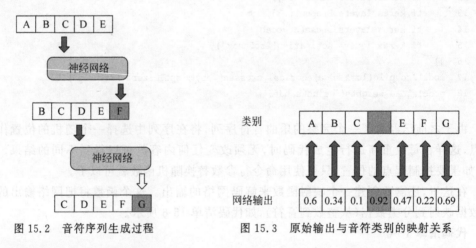

图 15.2　音符序列生成过程　　　　图 15.3　原始输出与音符类别的映射关系

将网络中的所有输出收集到一个列表中，就能得到一个音符和和弦的编码序列，下一步将开始解码它们并创建一个 Note 和 Chord 对象的数组。

首先，必须确定正在解码的输出是 Note 还是 Chord。

如果是 Chord，就需要将字符串分成一组音符。然后遍历每个音符的字符串表示，并为每个音符创建一个 Note 对象。最后创建一个包含这些音符的 Chord 对象。

如果是 Note,就应该将相应音高的字符表示转换成对应的 Note 对象。

在每次迭代结束时,将偏移量增加 0.5(在上一节中确定的默认节奏),并将创建的 Note/Chord 对象附加到列表中。详细的实现方法如代码清单 15-7 所示。

代码清单 15-7

```
1    offset = 0
2    output_notes = []
3
4    # 根据模型的预测值生成音符和和弦对象
5    for pattern in prediction_output:
6        # 预测值是和弦的情况
7        if ('.' in pattern) or pattern.isdigit():
8            notes_in_chord = pattern.split('.')
9            notes = []
10           for current_note in notes_in_chord:
11               new_note = note.Note(int(current_note))
12               new_note.storedInstrument = instrument.Piano()
13               notes.append(new_note)
14           new_chord = chord.Chord(notes)
15           new_chord.offset = offset
16           output_notes.append(new_chord)
17       # 预测值是音符的情况
18       else:
19           new_note = note.Note(pattern)
20           new_note.offset = offset
21           new_note.storedInstrument = instrument.Piano()
22           output_notes.append(new_note)
23       # 每次迭代增加 0.5 的偏移量
24       offset += 0.5 midi_stream = stream.Stream(output_notes)midi_stream.write
25       ('midi', fp = 'test_output.mid')
```

到这一步,已经成功获得了神经网络模型生成的 Notes 和 Chord 列表,接下来可以使用这个列表作为参数创建一个 Music 21 Stream 对象。最后创建一个 MIDI 文件存储生成的音乐,使用 Music 21 工具包中的 write()函数将流写入文件。具体如代码清单 15-7 中最后一行所示。

15.4 成果检验

LSTM 网络生成的乐谱示例如图 15.4 所示。可以看到用乐谱的形式展示了生成的音乐,试听一下这些生成的片段,可以发现这个相对简单的网络所产生的结果仍然十分惊艳。快速浏览一下,可以看到它有一些内在的结构。

对音乐有所了解并且能够阅读乐谱的读者可能会注意到乐谱的一些位置散布着一些奇怪的音符。显然神经网络还无法创造完美的旋律。目前,生成的音乐总会有一些错误的音符,为了能够取得更好的结果,可能需要一个更大的网络,这里留给读者们自行探索。

图 15.4　LSTM 网络生成的乐谱示例

　　在本章中,演示了如何创建 LSTM 神经网络来生成音乐。虽然结果可能并不完美,但它们仍然令人感到震撼与神奇,在不远的将来,或许神经网络不仅可以自动生成音乐,更可以与人类协作,创造更复杂、更精美的音乐作品。

第**16**章

视频讲解

基于**RNN**的文本分类

本章将使用 Keras 来实现一个基于循环神经网络（RNN）的文本分类案例。案例使用的数据是 IMDB 大型电影评论数据集，并使用 TensorFlow Datasets 来下载和准备数据。TensorFlow Datasets 提供了一系列可以和 TensorFlow 配合使用的数据集，大大减少了数据准备的工作量。在此基础上，本章使用 Keras 搭建 RNN 模型，经过模型训练后，实现对影评文本数据在正负面情绪方面的分类。

16.1 数据准备

首先，需要导入 tensorflow、tensorflow_datasets 库以及用来绘图的 matplotlib 库，并创建一个辅助函数来绘制计算图。具体如代码清单 16-1 所示。

代码清单 16-1

```
1    import tensorflow_datasets as tfds
2    import tensorflow as tf
3    import matplotlib.pyplot as plt
4
5    def plot_graphs(history, metric):
6      plt.plot(history.history[metric])
7      plt.plot(history.history['val_' + metric], '')
8      plt.xlabel("Epochs")
9      plt.ylabel(metric)
10     plt.legend([metric, 'val_' + metric])
11     plt.show()
```

IMDB 大型电影评论数据集是一个二分类数据集——所有评论都具有正面或负面情

绪。代码清单 16-2 所示的是使用 TensorFlow 自带的 TFDS 库下载 IMDB 数据集。

代码清单 16-2

```
1  dataset, info = tfds.load('imdb_reviews/subwords8k', with_info = True,
2                            as_supervised = True)
3  train_dataset, test_dataset = dataset['train'], dataset['test']
```

可以在终端看到如代码输出 16-1 所示。

代码输出 16-1

```
1  WARNING:absl:TFDS datasets with text encoding are deprecated and will be
2  removed in
3  a future version. Instead, you should use the plain text version and tokenize the text
   using `tensorflow_text` (See: https://www.tensorflow.org/tutorials/tensorflow_text/
   intro # tfdata_example)
4  Downloading and preparing dataset imdb_reviews/subwords8k/1.0.0 (download: 80.23 MiB,
   generated: Unknown size, total: 80.23 MiB) to /home/kbuilder/tensorflow_datasets/imdb_
   reviews/subwords8k/1.0.0...
5  Shuffling and writing examples to /home/kbuilder/tensorflow_datasets/imdb_reviews/
   subwords8k/1.0.0.incomplete7GBYY4/imdb_reviews - train.tfrecord
6  Shuffling and writing examples to /home/kbuilder/tensorflow_datasets/imdb_reviews/
   subwords8k/1.0.0.incomplete7GBYY4/imdb_reviews - test.tfrecord
7  Shuffling and writing examples to /home/kbuilder/tensorflow_datasets/imdb_reviews/
   subwords8k/1.0.0.incomplete7GBYY4/imdb_reviews - unsupervised.tfrecord
8  Dataset imdb_reviews downloaded and prepared to /home/kbuilder/tensorflow_datasets/imdb_
   reviews/subwords8k/1.0.0. Subsequent calls will reuse this data.
```

数据集内部最重要的模块是编码器（tfds.features.text.SubwordTextEncoder）。本案例使用的编码器是以可逆方式对任何字符串进行编码，并在必要时将编码退回到字符（即可逆的）。可以使用 encoder 的 encode()函数和 decode()函数来实现这个可逆的过程。具体代码如代码清单 16-3 所示。

代码清单 16-3

```
1  encoder = info.features['text'].encoder
2  print('Vocabulary size: {}'.format(encoder.vocab_size))
3  sample_string = 'Hello TensorFlow.'
4  encoded_string = encoder.encode(sample_string)
5  print('Encoded string is {}'.format(encoded_string))
6  original_string = encoder.decode(encoded_string)
7  print('The original string: "{}"'.format(original_string))
```

输出结果如代码输出 16-2 所示。

代码输出 16-2

```
1  # Encoded string is [4025, 222, 6307, 2327, 4043, 2120, 7975]
2  # The original string: "Hello TensorFlow."
```

通过上述代码,将 sample_string 传入 encoder 后得到的编码经 decoder 解码后打印,发现 encoder 和 decoder 是可逆的。但是我们可以发现,经过编码的"Hello TensorFlow"变成了有 7 个元素的数组。我们也可以来看一下每个元素对应的字符。具体代码如代码清单 16-4 所示。

代码清单 16-4

```
1  assert original_string == sample_string
2  for index in encoded_string:
3    print('{} ----&gt; {}'.format(index, encoder.decode([index])))
```

结果如代码输出 16-3 所示。

代码输出 16-3

```
1  # 4025 ----&gt; Hell
2  # 222 ----&gt; o
3  # 6307 ----&gt; Ten
4  # 2327 ----&gt; sor
5  # 4043 ----&gt; Fl
6  # 2120 ----&gt; ow
7  # 7975 ----&gt; .
```

接下来,创建这些编码字符串的批次(Batch)。使用 padded_batch 方法将序列零填充至批次中最长字符串的长度。具体代码如代码清单 16-5 所示。

代码清单 16-5

```
1  BUFFER_SIZE = 10000
2  BATCH_SIZE = 64
3  train_dataset = train_dataset.shuffle(BUFFER_SIZE)
4  train_dataset = train_dataset.padded_batch(BATCH_SIZE)
5  test_dataset = test_dataset.padded_batch(BATCH_SIZE)
```

16.2　创建模型

下面将利用 tf.keras.Sequential 接口进行模型的搭建。

首先构建一个 tf.keras.Sequential 模型,其第一层为嵌入向量层。嵌入向量层(tf.keras.layers.Embedding)会将每个单词映射为一个计算机可理解的向量。调用时,它会将单词索引序列转换为向量序列,这些向量是可训练的,并且在足够的数据上训练后,具有相似含义的单词通常具有相似的向量。通过嵌入向量层,对于每个输入的字符都可以得到其向量表示以提供给模型进行处理。与通过 tf.keras.layers.Dense 层传递独热编码向量(one-hot)的等效运算相比,这种索引查找方法要高效得多。

循环神经网络(RNN)通过遍历元素来处理序列输入。RNN 将当前输出从当前时间步骤传递到其下一个时间步骤,依此类推。为了帮助 RNN 学习更长程依赖关系,我们可以使用tf.keras.layers.Bidirectional包装器将RNN变为双向的,即通过RNN层向前和向后传播输入,然后合并两个方向的结果进行输出。具体代码如代码清单16-6所示。

代码清单16-6

```
1  model = tf.keras.Sequential([
2      tf.keras.layers.Embedding(encoder.vocab_size, 64),
3      tf.keras.layers.Bidirectional(tf.keras.layers.LSTM(64)),
4      tf.keras.layers.Dense(64, activation = 'relu'),
5      tf.keras.layers.Dense(1)
6  ]
7  )
```

注意,在这里选择Keras序列模型,是因为模型中的所有层都只有单个输入并产生单个输出。如果要使用有状态RNN层,就可能需要使用Keras函数式API或模型子类化来构建模型,以便可以检索和重用RNN层的状态变量。

最终实现如图16.1所示的用于文本分类的RNN模型。

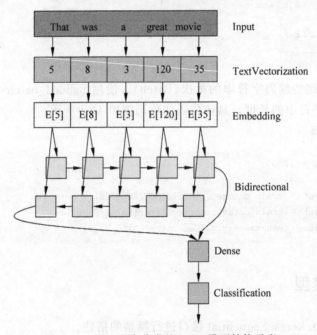

图16.1 用于文本分类的RNN模型结构示意

接下来需要编译Keras模型以配置训练过程,具体代码如代码清单16-7所示。

代码清单16-7

```
1  # 设置损失函数、优化器
2  model.compile(loss = tf.keras.losses.BinaryCrossentropy(from_logits = True),
3              optimizer = tf.keras.optimizers.Adam(1e-4),
4              metrics = ['accuracy'])
```

16.3 训练模型

调用 Keras 的 fit()方法进行模型训练。具体代码如代码清单 16-8 所示。

代码清单 16-8

```
1  history = model.fit(train_dataset, epochs = 10,
2                        validation_data = test_dataset,
3                        validation_steps = 30)
```

输出结果如代码输出 16-4 所示。注意,不同性能的机器,其运行速度是不同的。

代码输出 16-4

```
1   Epoch 1/10
2   391/391 [ ============================== ] − 41s 105ms/step − loss: 0.6363
    − accuracy: 0.5736 − val_loss: 0.4592 − val_accuracy: 0.8010
3   Epoch 2/10
4   391/391 [ ============================== ] − 41s 105ms/step − loss: 0.3426
    − accuracy: 0.8556 − val_loss: 0.3710 − val_accuracy: 0.8417
5   Epoch 3/10
6   391/391 [ ============================== ] − 42s 107ms/step − loss: 0.2520
    − accuracy: 0.9047 − val_loss: 0.3444 − val_accuracy: 0.8719
7   Epoch 4/10
8   391/391 [ ============================== ] − 41s 105ms/step − loss: 0.2103
    − accuracy: 0.9228 − val_loss: 0.3348 − val_accuracy: 0.8625
9   Epoch 5/10
10  391/391 [ ============================== ] − 42s 106ms/step − loss: 0.1803
    − accuracy: 0.9360 − val_loss: 0.3591 − val_accuracy: 0.8552
11  Epoch 6/10
12  391/391 [ ============================== ] − 42s 106ms/step − loss: 0.1589
    − accuracy: 0.9450 − val_loss: 0.4146 − val_accuracy: 0.8635
13  Epoch 7/10
14  391/391 [ ============================== ] − 41s 105ms/step − loss: 0.1466
    − accuracy: 0.9505 − val_loss: 0.3780 − val_accuracy: 0.8484
15  Epoch 8/10
16  391/391 [ ============================== ] − 41s 106ms/step − loss: 0.1463
    − accuracy: 0.9485 − val_loss: 0.4074 − val_accuracy: 0.8156
17  Epoch 9/10
18  391/391 [ ============================== ] − 41s 106ms/step − loss: 0.1327
    − accuracy: 0.9555 − val_loss: 0.4608 − val_accuracy: 0.8589
19  Epoch 10/10
20  391/391 [ ============================== ] − 41s 105ms/step − loss: 0.1666
    − accuracy: 0.9404 − val_loss: 0.4364 − val_accuracy: 0.8422
```

打印最终的 loss,代码如代码清单 16-9 所示。

代码清单 16-9

```
1   test_loss, test_acc = model.evaluate(test_dataset)
2
3   print('Test Loss: {}'.format(test_loss))
4   print('Test Accuracy: {}'.format(test_acc))
```

输出结果如代码输出 16-5 所示。

代码输出 16-5

```
1   391/391 [ ============================== ] – 17s 43ms/step – loss: 0.4305
2    – accuracy: 0.8477
3   Test Loss: 0.43051090836524963
4   Test Accuracy: 0.8476799726486206
```

上面的模型没有将遮盖（mask）应用于序列的填充（padding）。如果在填充序列上进行训练，并在未填充序列上进行测试，这种不一致性就可能导致性能下降。所以理想情况下，可以在训练的时候使用遮盖来避免这种不一致性的发生。但是正如您在下面代码的输出结果看到的那样，遮盖操作只会对输出产生很小的影响。下面的结果中如果预测 >=0.5，则为正，否则为负。具体代码如代码清单 16-10 所示。

代码清单 16-10

```
1   def pad_to_size(vec, size):
2     zeros = [0] * (size – len(vec))
3     vec.extend(zeros)
4     return vec
5
6   def sample_predict(sample_pred_text, pad):
7     encoded_sample_pred_text = encoder.encode(sample_pred_text)
8     if pad:
9       encoded_sample_pred_text = pad_to_size(encoded_sample_pred_text, 64)
10    encoded_sample_pred_text = tf.cast(encoded_sample_pred_text, tf.float32)
11    predictions = model.predict(tf.expand_dims(encoded_sample_pred_text, 0))
12    return (predictions)
13
14  # predict on a sample text without padding.
15  sample_pred_text = ('The movie was cool. The animation and the graphics '
16                      'were out of this world. I would recommend this movie.')
17  predictions = sample_predict(sample_pred_text, pad = False)
18  print(predictions[0])
19  # [ – 0.00750345]
```

使用 padding 后的输出结果也为负数，说明 padding 对于最终结果影响不大。结果预测与输出代码如代码清单 16-11 所示。

代码清单 16-11

```
1  sample_pred_text = ('The movie was cool. The animation and the graphics '
2                      'were out of this world. I would recommend this movie. ')
3  predictions = sample_predict(sample_pred_text, pad = True)
4  print(predictions[0])
5  plot_graphs(history, 'accuracy')
6  plot_graphs(history, 'loss')
```

图 16.2 展示了单层 LSTM 训练准确率曲线。

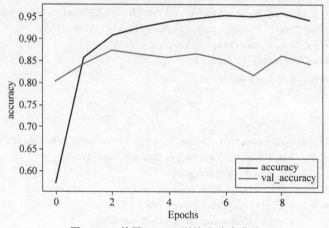

图 16.2　单层 LSTM 训练准确率曲线

图 16.3 展示了单层 LSTM 训练损失曲线。

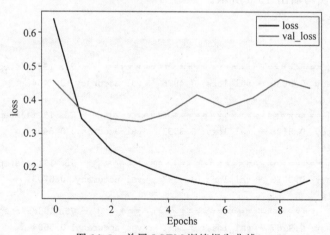

图 16.3　单层 LSTM 训练损失曲线

16.4　堆叠两个或更多 LSTM 层

Keras 循环层有两种可用的模式,这些模式由 return_sequences 构造函数定义的函数签名里的参数控制。

模式一：返回每个时间步骤的连续输出的完整序列，即形状为（batch_size，timesteps，output_features）的三维张量。

模式二：仅返回每个输入序列的最后一个输出，即形状为（batch_size，output_features）的二维张量。

模型实现如代码清单 16-12 所示。

代码清单 16-12

```
1   model = tf.keras.Sequential([
2   tf.keras.layers.Embedding(encoder.vocab_size, 64),
3       tf.keras.layers.Bidirectional(tf.keras.layers.LSTM(64, return_sequences = True)),
4       tf.keras.layers.Bidirectional(tf.keras.layers.LSTM(32)),
5       tf.keras.layers.Dense(64, activation = 'relu'),
6       tf.keras.layers.Dropout(0.5),
7       tf.keras.layers.Dense(1)
8   ]
9   )
10
11  model.compile(loss = tf.keras.losses.BinaryCrossentropy(from_logits = True),
12                optimizer = tf.keras.optimizers.Adam(1e-4),
13                metrics = ['accuracy'])
14
15  history = model.fit(train_dataset, epochs = 10,
16                      validation_data = test_dataset,
17                      validation_steps = 30)
```

输出结果如代码输出 16-6 所示。

代码输出 16-6

```
1   Epoch 1/10
2   391/391 [==============================] - 75s 192ms/step - loss: 0.6484
    - accuracy: 0.5630 - val_loss: 0.4876 - val_accuracy: 0.7464
3   Epoch 2/10
4   391/391 [==============================] - 74s 190ms/step - loss: 0.3603
    - accuracy: 0.8528 - val_loss: 0.3533 - val_accuracy: 0.8490
5   Epoch 3/10
6   391/391 [==============================] - 75s 191ms/step - loss: 0.2666
    - accuracy: 0.9018 - val_loss: 0.3393 - val_accuracy: 0.8703
7   Epoch 4/10
8   391/391 [==============================] - 75s 193ms/step - loss: 0.2151
    - accuracy: 0.9267 - val_loss: 0.3451 - val_accuracy: 0.8604
9   Epoch 5/10
10  391/391 [==============================] - 76s 194ms/step - loss: 0.1806
    - accuracy: 0.9422 - val_loss: 0.3687 - val_accuracy: 0.8708
11  Epoch 6/10
12  391/391 [==============================] - 75s 193ms/step - loss: 0.1623
    - accuracy: 0.9495 - val_loss: 0.3836 - val_accuracy: 0.8594
13  Epoch 7/10
```

```
14   391/391 [ ============================== ] − 76s 193ms/step − loss: 0.1382
     − accuracy: 0.9598 − val_loss: 0.4173 − val_accuracy: 0.8573
15   Epoch 8/10
16   391/391 [ ============================== ] − 76s 194ms/step − loss: 0.1227
     − accuracy: 0.9664 − val_loss: 0.4586 − val_accuracy: 0.8542
17   Epoch 9/10
18   391/391 [ ============================== ] − 76s 194ms/step − loss: 0.0997
     − accuracy: 0.9749 − val_loss: 0.4939 − val_accuracy: 0.8547
19   Epoch 10/10
20   391/391 [ ============================== ] − 76s 194ms/step − loss: 0.0973
     − accuracy: 0.9748 − val_loss: 0.5222 − val_accuracy: 0.8526
```

打印最终训练结束后模型的准确率和损失函数。具体代码如代码清单16-13所示。

代码清单 16-13

```
1   test_loss, test_acc = model.evaluate(test_dataset)
2   print('Test Loss: {}'.format(test_loss))
3   print('Test Accuracy: {}'.format(test_acc))
```

输出结果如代码输出16-7所示。

代码输出 16-7

```
1   391/391 [ ============================== ] − 30s 78ms/step − loss: 0.5205
2   − accuracy: 0.8572
3   Test Loss: 0.5204932689666748
4   Test Accuracy: 0.857200026512146
```

观察使用和不使用padding技巧的模型表现,并输出训练准确度和损失函数曲线图。具体如代码清单16-14所示。

代码清单 16-14

```
1    # predict on a sample text without padding.
2    sample_pred_text = ('The movie was not good. The animation and the graphics '
3                        'were terrible. I would not recommend this movie.')
4    predictions = sample_predict(sample_pred_text, pad = False)
5    print(predictions)
6    # [[ − 2.6377363]]
7
8    sample_pred_text = ('The movie was not good. The animation and the graphics '
9                        'were terrible. I would not recommend this movie.')
10   predictions = sample_predict(sample_pred_text, pad = True)
11   print(predictions)
12   # [[ − 3.0502243]]
13   plot_graphs(history, 'accuracy')
14   plot_graphs(history, 'loss')
```

多层 LSTM 训练准确率曲线如图 16.4 所示。

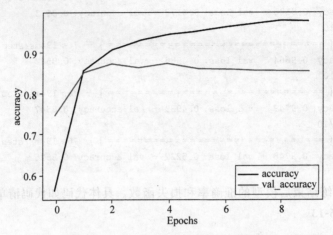

图 16.4　多层 LSTM 训练准确率曲线

多层 LSTM 训练损失曲线如图 16.5 所示。

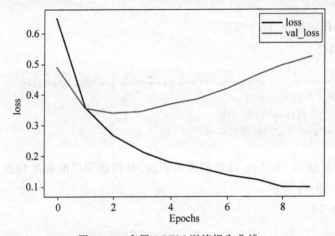

图 16.5　多层 LSTM 训练损失曲线

第 17 章

视频讲解

基于 TensorFlowTTS 的中文语音合成

随着计算机技术的不断发展,以及语音和人工智能的结合,很多成熟的产品出现在人们的生活中,如智能客服、智能音箱、智能阅读、聊天机器人等。在这些产品的实现中,最重要的一项技术是文字语音转换(text to speech,TTS),又称为语音合成。它可以让人类和计算机的交流更加方便快捷,如可以改善人机交互困难的情景,尤其是对有身体障碍,只能通过语音来交流的特殊人群。本章将会介绍 TTS 的技术发展情况、实现原理,并会使用一个基于深度学习的开源 TTS 工具箱 TensorFlowTTS,来实现一个中文语音合成的案例。

17.1 TTS 简介

17.1.1 语音合成技术

常见的语音技术一般可分为语音合成(TTS)和语音识别(ASR)两个部分。语音合成是将文本信息转换为对应的语音,而语音识别则是将语音转换为文本等类型的信息。如果再进一步细分的话,还可以将自然语言处理(NLP)单独拿出来。这三个技术之间的关系可以用智能语音助手的例子来说明。当我们问智能语音助手"明天天气怎么样"时,语音助手会通过语音识别技术把听到的声音转化为文字,然后使用自然语言处理技术对文字分析和理解,再找到对应的天气信息后通过语音合成技术将天气信息的文字转化成语音输出。语音助手输入输出流程如图 17.1 所示。

当然,这个智能语音助手例子中的自然语言处理技术可以更广义一些——不仅仅是对文字的处理,也可以包含语音识别的部分。从这个例子中也可以看出,TTS 就像人的嘴巴一样,是个很重要的"器官"。而相对于其他两个语音技术,由于数据质量直接决定生成结果的质量,所以 TTS 对语音库的要求更高。这也就意味着,这方面的数据采集需要

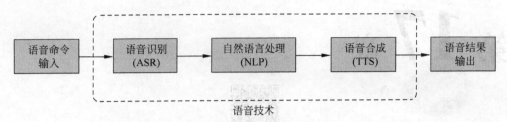

图 17.1　语音助手输入输出流程

更加专业,同时也会耗费大量的人力和物力。

17.1.2　TTS 技术发展史和基本原理

TTS 技术可以追溯到 18 世纪。当时电子信号处理技术还未面世,人们尝试使用机械装置来发出人类说话的声音。最具代表性的是 1779 年 Kratzenstein 发明的一种叫 Speech Machine 的装置。这种装置利用精巧的气囊和风箱设计,可以发出五种长元音。装置的实物和原始图如图 17.2 所示。

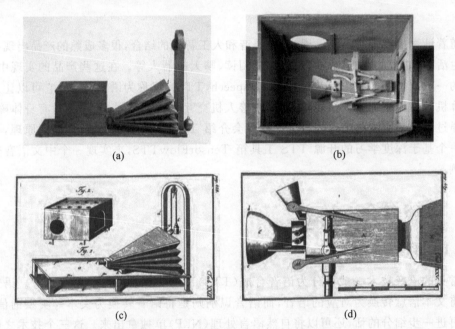

图 17.2　Speech Machine 实物和原理图

20 世纪初,随着电子技术的不断发展,人们开始使用电子合成的方法来模拟人类发声。比较著名的是 1939 年贝尔实验室发明的名为 Voder 的设备。图 17.3(a)展示了该设备的使用方式:需要一个人像弹钢琴一样来进行操作,即用手来控制不同基础音的合成比例,用脚来控制合成音的音调。Voder 发出的声音很清晰,但要想熟练使用这样的装置,可能需要将近一年的时间,再加上使用过程需要人的强干预,所以实用性并不高。图 17.3(b)为 Voder 的原理图。

之后,随着集成电路的发展,参数合成方法解决了需要多个操作者的问题。比较有代

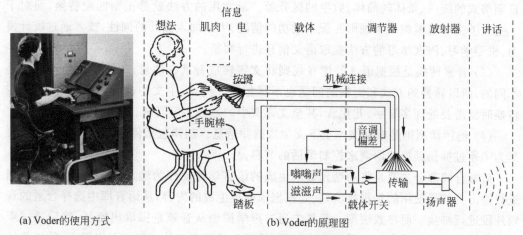

图 17.3　Voder 的使用方式和原理图

表性的是 1973 年 Holmes 发明的并联共振峰合成器和 1980 年 Klatt 发明的串并联共振峰合成器。只要精心调整参数,这两个合成器就能合成出非常自然的语音。这两个设备都用到了共振峰合成技术。不同人音色各异,其语音具有不同的共振峰模式,可以抽取每个共振峰频率及其带宽作为参数,这些参数可以构成共振峰滤波器。再通过若干个共振峰滤波器组合来模拟声道的传输特性,即频率响应;随后对激励源发出的信号进行调制,再经过辐射模型,最后合成语音。这种手段实现编程式的语音合成,大大减少了人力成本。

另一种技术则是采用单元选择拼接合成的方法。首先,将语音单元切分成适合的合成单元,并利用这些切分好的合成单元构建一个语音库。在进行合成时,需要根据文字内容从语音库中提取出相应合成单元,然后将提取的单元按照韵律的要求进行时长、基频的变换,最后采用重叠相加的方法重新输出合成语音。这种基于波形拼接的语音合成技术不需要从原始的语音中提取语音参数,而是将原始的语音信号直接存储,从而存储单元的要求要高于共振峰合成,在韵律的调节方面也要差一点。但是由于所采用的合成单元为原始语音文件,合成的语音清晰度要优于共振峰合成的语音。

到了 20 世纪末期,可训练的 TTS 技术兴起。最为有代表性的是基于隐马尔可夫的参数合成技术。该技术是通过数据训练得到一个统计模型。将文本输入到该模型可以输出对应的语音参数,然后利用这些语音参数就可以生成语音。这种方法相对于之前的方法有更强的通用性和更好的灵活性,甚至可以做到与语种无关。而这种可训练的技术思路,随着人工智能,尤其是深度学习的发展,得到了更为充分的发挥。

当下,比较主流的方法是拼接法和参数法,而且基于深度学习的参数法更是以较好的灵活性占据上风。在流程上,TTS 可以分成前端预处理和后端合成两个部分。其中,前端预处理部分主要是对输入的文本进行分析,然后生成对应的音素、韵律、语种等语言特征。预处理大致可以划分为文本结构分析、文本规范化、音素转换和韵律预测四部分。

(1) 文本结构分析主要是对文本进行分段、分句以及词性标注,如果是多语言文本,就需要进行判断,并为不同的句段加上语言标记。

(2) 文本规范化主要是结合文本上下文,将非标准文本信息进行转换的过程。例如,日期格式的统一、繁体转简体、数字的区分等。最常用的方法就是正则匹配替换,而对于一些上下文环境模糊或者规则匹配不成功的情况,可以加入额外的词性,或者通过统计模型、机器学习、深度学习的方法提取语义信息进行判断。

(3) 音素转换是根据语言的读音规则将文字转成音素。注意,不同语言的音素也是不同的,所以转换的方式和面临的问题也不尽相同。例如,中文的音素一般是拼音,而在转换时就需要处理多音字、儿化音,甚至文言文中的通假字等问题。

(4) 韵律预测则是根据文本上下文生成韵律信息。韵律包括停顿、重读等内容,主要是为了通过抑扬顿挫的语调来控制说话的节奏。

后端合成部分主要是将前端预处理生成的语言学特征作为输入,然后合成音频数据进行输出。如果使用的是拼接法,就是根据预处理生成的内容,从语音库中选择合适的音频片段进行拼接。而参数法则一般是先通过声学模型从音频里提取出特征,然后通过声码器将预处理输出的内容映射到声音特征,然后生成语音。从流程上可以看出,前端预处理和后端合成部分是可以完全独立的,而前端部分很大程度上属于自然语言处理的部分。这也是为何将 TTS 分为前后端两个部分的原因之一。

17.1.3 基于深度学习的 TTS

深度学习的发展给 TTS 带来了更多的可能。自 2016 年 Google 公司提出 WaveNet 声码器至今,该领域涌现出多种基于深度学习的语音合成技术。这些技术在合成语音质量、合成速度以及模型复杂度等方面有了很大的提高,而且模拟人声也更加自然成熟。

基于深度学习的语音合成系统主要有两种,一种是将深度学习应用到传统语音合成系统各个模块中进行建模,这种方法可以有效地合成语音,但系统有较多的模块且各个模块独立建模,系统调优比较困难,且容易出现累积误差。这种系统的代表是百度公司提出的 Deep Voice-1 和 Deep Voice-2。Deep Voice-2 在 Deep Voice-1 基础上改进的多是说话人语音合成系统,方法是将说话人矢量引入到模型中训练。目前,直接将深度学习引入经典语音合成系统各个模块中建模的研究已经不多了。Deep Voice 系列的第三代 Deep Voice-3 已经转为采用端到端语音合成方法。

另一种是端到端语音合成系统,这种系统旨在利用深度学习强大的特征提取能力和序列数据处理能力,摒弃各种复杂的中间环节,最终学习出鲁棒性和适应性更强的模型,生成更为自然的语音。端到端的 TTS 目前也在不断地发展当中,在表现形式上主要可以分为基于声学模型和声码器的方法、近完全端到端的方法以及完全端到端的方法。不同类型的端到端语音合成系统如图 17.4 所示。

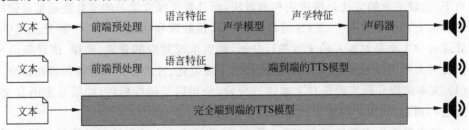

图 17.4 不同类型的端到端语音合成系统

图 17.4 中的第一行展示的是基于声学模型和声码器的方法。该方法需要实现的模块较多,但它是目前最为流行的一种方法。声学模型将前端预处理生成的语言特征转换为特征,然后声码器利用声学特征生成语音。基于深度学习的声学模型可以大致分为自回归式和并行式两种。其中,自回归式声学模型出现较早,生成的中间表征质量高,不过速度相对较慢。比较有代表性的有 Tacotron 系列和 Deep Voice-3。Tacotron-1 采用基于内容注意力机制解码器,循环层在解码的每一个时间步都会生成一个注意力询问。Tacotron-2 采用基于位置的注意力机制,以更好地适应输入文本有重复字的情况。Deep Voice-3 解码器则是由带洞卷积和基于 Transformer 注意力机制构成,基于卷积的解码器比基于循环神经网络的声码器解码的速度要快一些。并行式声学模型生成中间表征速度快,但质量会有所下降,且训练过程比较复杂。比较有代表性的如 Fastspeech。

基于深度学习的声码器也可以分为自回归式和并行式两种。自回归式声码器按照时间顺序生成语音,生成每一时刻的语音都依赖之前所有时刻的语音,如 Wavenet、WaveRNN、SampleRNN。并行式声码器并行生成语音,不再按照时间顺序,所以速度较快,如 Parallel Wavenet、WaveGlow、FloWavenet。这些模型的对比如表 17.1 所示。

表 17.1 基于深度学习的声码器对比

声码器	原理	主要神经网络	优、缺点	合成实时性
Wavenet	自回归	卷积神经网络	合成语音质量高,速度慢	不足
SampleRNN	自回归	循环神经网络	占用计算资源少,速度慢	不足
WaveRNN	自回归	循环神经网络	占用资源少,合成速度快	4x
Parallel Wavenet	并行式	卷积神经网络	合成速度快,训练过程不稳定	20x
WaveGlow	并行式	标准流＋卷积神经网络	合成语音质量高,合成速度快,计算量大	25x
FloWavenet	并行式	标准流＋卷积神经网络	合成语音质量高,合成速度快,计算量大	20x

图 17.4 中的第二和第三行展示的是近完全端到端的方法和完全端到端的方法。近完全端到端的方法是将声学模型和声码器两个部分合成一个端到端的 TTS 模型,而完全端到端的方法则是用一个 TTS 模型直接完成从文本输入到语音输出。这两种方式是目前一个大的研究方向,不过目前效果并不好,所以这里不再介绍。

17.2 基于 TensorFlowTTS 的语音合成实现

在了解了 TTS 的发展进程和相关技术之后,接下来实现一个中文语音合成的例子。这个例子是基于 TensorFlowTTS 这个在 GitHub 上开源的项目。该项目包含了当前精度比较高的声学模型和声码器算法。基于该项目,可以很容易地实现一个语音合成的例子。

17.2.1 TensorFlowTTS 简介与环境准备

TensorFlowTTS 基于 TensorFlow 2 提供实时的最新语音合成工具箱,包括

Tacotron-2、Melgan、Multiband-Melgan、FastSpeech、FastSpeech 2 等算法。TensorFlowTTS 支持汉语、英语、韩语等多种语言，而且快速可靠，方便扩展，并且支持多 GPU 训练和多平台部署。下面安装 TensorFlowTTS 环境。

基础环境要求是 Nvidia RTX 2060 显卡、Windows 10 64 位、Git 和 Anaconda 3。首先使用 conda 命令创建名为 tf-tts 的 conda 环境，并进入该环境：

```
conda create - n tf - tts python = 3.8
conda activate tf - tts
```

再使用 git 命令下载代码：

```
git clone https://gitee.com/sherlocking_755/tts - demo.git
```

进入到 tts-demo/TensorFlowTTS 目录，然后使用 conda 和 pip 命令安装依赖包：

```
conda install cudatoolkit = 10.1 cudnn = 7.6.5 pyaudio
pip install . - i https://pypi.douban.com/simple/
```

这样就完成了环境的安装。

17.2.2　算法简介

本案例中，采用的声学模型是 Tacotron-2，声码器是 Multiband-Melgan。其中，Tacotron-2 是由 Google Brain 在 2017 年提出来的一个语音合成框架，是 Tacotron 的升级版。而 Tacotron 是第一个真正意义上端到端的语音合成系统。它可以输入合成文本或者注音串，输出线性谱，再经过 Griffin-Lim 转换为波形，一套系统完成语音合成的全部流程。注意，Griffin-Lim 算法并不是深度学习模型，所以它也是影响 Tacotron 效果的因素之一。

Tacotron 主要是采用类 Seq2Seq 模型架构以及注意力机制，具体的模型结构如图 17.5 所示。

Tacotron 结构主要包含编码器、解码器、Griffin-Lim 声码器。首先，输入的文本经过 Character embeddings 被向量化，然后通过 Pre-net 后将数据传给 CBHG 模块。Pre-net 由全连接层和 Dropout 组成，主要是为了增加模型的泛化能力。CBHG 则是编码器的最主要部分，由 1-D convolution bank，highway network，bidirectional GRU 组成，用于特征提取。解码器中采用了注意力机制，而在输出给 Griffin-Lim 声码器之前，还加了一步后处理，也就是图中的右边的 CBHG，其主要目的是重新对整个解码后数据进行修正，从而得到一个全局优化的输出声谱图。Tacotron 虽然做到了端到端，但是在实际的合成效果上并不理想。

Tacotron-2 在 Tacotron 的基础上做了一些改进。最主要就是把 Griffin-Lim 声码器换成了修改版的 WaveNet。这一改变让 Tacotron-2 在效果上有了明显的提升。除了声码器，其他部分也有所变化。Tacotron-2 的模型结构图如图 17.6 所示。

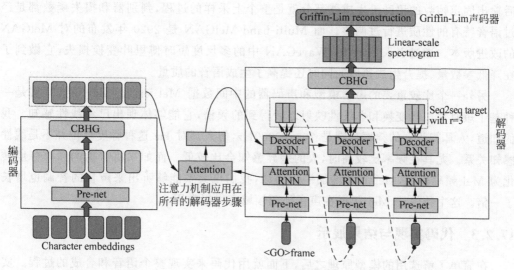

图 17.5 Tacotron 模型结构

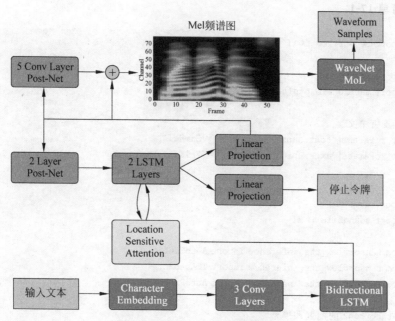

图 17.6 Tacotron-2 的模型结构

首先,在编码器部分,Tacotron-2 将较为复杂的 CBHG 改为 Bidirectional LSTM。解码器部分则使用了 Location Sensitive Attention,可以减少解码过程中潜在的子序列重复或遗漏。Tacotron-2 效果很出色,甚至实验结果可以很接近真实数据。

另外,本案例采用的声码器并不是 Tacotron-2 中给出的经过修改的 WaveNet,而是基于对抗生成网络的 Multi-band MelGAN。MelGAN 是目前基于生成对抗网络的声码器模型代表,主打轻量级架构和快速高质量语音合成。MelGAN 把 Mel 频谱的特征作为输入,逐步上采样到语音长度,并且在上采样之间加入卷积块计算频域到时域的变换,最后输出固定帧数的语音。生成器部分就是整个上采样的过程，判别器和损失函数都是经过语音特有的性质进行过调整。而 Multi-band MelGAN 是 2020 年发布的对 MelGAN 的改进版本。通过引入 Parallel WaveGAN 中的多尺度短时傅里叶变换损失，它做到了在降低参数量、提升生成速度的同时还提高了生成语音的质量。

另外一个比较重要的声学模型和声码器的中间数据 Mel 频谱。Mel 频谱其实是一种基于短时傅里叶变换和非线性映射之后得到的频谱，它能够体现出已经线性感知。我们知道，人耳能听到的频率范围是 20～20000Hz，但人耳对 Hz 这种标度单位并不是线性感知关系。尤其在频率比较高时，人的差异感知会比较低。而如果将普通的频率标度转化为 Mel 频率标度，Mel 频率增加一倍的话，我们也大致能够听出来声音的音调也增长了一倍。这个特性让 Mel 频谱在声音处理领域变得很常用。

17.2.3 代码实现与结果展示

在简单了解选用的模型原理之后，下面就用代码来实现整个语音和合成的过程。实现代码如代码清单 17-1 所示。

代码清单 17-1

```
1   import tensorflow as tf
2
3   import numpy as np
4   import matplotlib.pyplot as plt
5
6   # 支持中文
7   plt.rcParams['font.sans-serif'] = ['SimHei']
8   plt.rcParams['axes.unicode_minus'] = False
9
10  import pyaudio
11  import wave
12  import soundfile as sf
13
14  from tensorflow_tts.inference import AutoConfig
15  from tensorflow_tts.inference import TFAutoModel
16  from tensorflow_tts.inference import AutoProcessor
17
18  # tacotron2 的配置和模型
19  tacotron2_config = AutoConfig.from_pretrained('TensorFlowTTS/examples/Lacotron2/conf/tacotron2.baker.v1.yaml')
20  tacotron2 = TFAutoModel.from_pretrained(
21      config = tacotron2_config,
22      pretrained_path = "tacotron2.h5",
23      name = "tacotron2"
24  )
25
26  # melgan 的配置和模型
27  mb_melgan_config = AutoConfig.from_pretrained(
```

```
28        'TensorFlowTTS/examples/multiband_melgan/conf/multiband_melgan.baker.v1.yaml')
          mb_melgan = TFAutoModel.from_pretrained(
29        config = mb_melgan_config,
30        pretrained_path = "mb.melgan.h5",
31        name = "mb_melgan"
32    )
33
34    processor = AutoProcessor.from_pretrained(pretrained_path = "./baker_mapper.json")
35
36
37    # 合成
38    def do_synthesis(input_text, text2mel_model, vocoder_model):
39        # 前端预处理,输出语言特征
40        input_ids = processor.text_to_sequence(input_text, inference = True)
41
42        # 使用声学模型(tacotron2)预测生成 Mel 频谱图
43        _, mel_outputs, stop_token_prediction, _ = text2mel_model.inference(
44            tf.expand_dims(tf.convert_to_tensor(input_ids, dtype = tf.int32), 0),
45            tf.convert_to_tensor([len(input_ids)], tf.int32),
46            tf.convert_to_tensor([0], dtype = tf.int32)
47        )
48
49        remove_end = 1024
50        # 使用声码器(melgan)生成音频数据
51        audio = vocoder_model.inference(mel_outputs)[0, : - remove_end, 0]
52        return mel_outputs.numpy(), audio.numpy()
53
54
55    # 显示 Mel 频谱图
56    def visualize_mel_spectrogram(mels):
57        mels = tf.reshape(mels, [ - 1, 80]).numpy()
58        fig = plt.figure(figsize = (10, 8))
59        ax1 = fig.add_subplot(311)
60        ax1.set_title(u'Mel 频谱图')
61        im = ax1.imshow(np.rot90(mels), aspect = 'auto', interpolation = 'none')
62        fig.colorbar(mappable = im, shrink = 0.65, orientation = 'horizontal', ax = ax1)
63        plt.show()
64        plt.close()
65
66
67    # 使用 pyaudio 对音频进行播放
68    def play(f):
69        chunk = 1024
70        wf = wave.open(f, 'rb')
71        p = pyaudio.PyAudio()
72        stream = p.open(format = p.get_format_from_width(wf.getsampwidth()), channels =
          wf.getnchannels(),
73                        rate = wf.getframerate(), output = True)
```

```
74        data = wf.readframes(chunk)
75        while data != b'':
76            stream.write(data)
77            data = wf.readframes(chunk)
78        stream.stop_stream()
79        stream.close()
80        p.terminate()
81
82
83    input_text = "这是一个开源的端到端中文语音合成系统"
84    tacotron2.setup_window(win_front = 5, win_back = 5)
85
86    mels, audios = do_synthesis(input_text, tacotron2, mb_melgan)
87    visualize_mel_spectrogram(mels[0])
88    # 将音频数据写入文件
89    sf.write('demo_cn.wav', audios, 24000)
90    # 播放文件
91    play('demo_cn.wav')
```

代码相对比较简单，最主要的就是 do_synthesis() 函数。它包括了将文本转为音素的预处理部分、使用 Tacotron-2 生成 Mel 频谱的部分和使用 Multi-band MelGAN 生成语音的部分。其中，预处理包括使用 pypinyin 库将汉字转成拼音，然后通过字典将拼音转为音素，其中也包含了一些如对儿化音的处理。这样的预处理相对于传统的语音合成方法已经相当简洁，这也是深度学习能够减少人工干预的体现。另外，这里没有直接使用文本，而是通过字典转换为音素的一个原因是数据集本身并不会覆盖所有的汉字和词汇，所以如果直接使用文本，则模型在遇到数据集中没有对应输入的情况下就可能有问题。而转为音素之后，数据集中只要覆盖所有音素即可。经过预处理的输出如代码输出 17-1 所示。

代码输出 17-1

```
1    # 生成音素序列
2    sil zh e4 #0 sh iii4 #0 ^ i2 #0 g e4 #0 k ai1 #0 ^ van2 #0 d e5 #0 d uan1 #0 d ao4 #0 d
     uan1 #0 zh ong1 #0 ^ uen2 #0 ^ v3 #0 ^ in1 #0 h e2 #0 ch eng2 #0 x i4 #0 t ong3 sil
```

在音素序列中，sil 代表起始，"zh e4"代表声母部分是 zh，韵母部分是 e，声调是 4 声，后续的基本上也是这样的规则，具体可以查看字典文件 baker_mapper.json。

本案例中的两个模型都是提前训练好的，直接下载下来就可以使用。数据集使用的是 baker，详见前言二维码。具体的训练过程可以参考 TensorFlowTTS 在 github 上的说明。由于语音数据量较大，所以需要训练的时间会很长，所以如果只是体验语音合成的过程，可以直接使用训练好的模型。

模型预测完成后，可以将音频数据保存成文件，然后用 pyaudio 库来播放音频数据。另外，可以用 visualize_mel_spectrogram() 函数绘制频谱图，以查看生成音频是否稳定。本案例生成的 Mel 频谱图如图 17.7 所示。

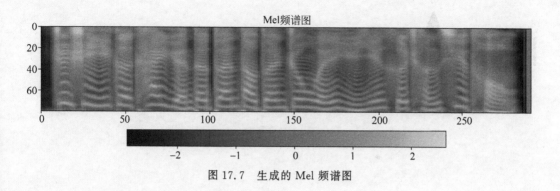

图 17.7 生成的 Mel 频谱图

附录 A

TensorFlow环境搭建

TensorFlow 环境搭建详见下方二维码。

文档

视频讲解

附录 B

深度学习的数学基础

B.1 线性代数

1. 标量、向量、矩阵和张量

标量：一个标量就是一个单独的数，只有大小，没有方向。介绍标量时，会明确它们是哪种类型的数。例如，在定义实数标量时，可能会说"令 $s \in \mathbb{R}$，表示一条线的斜率"，在定义自然数标量时，可能会说"令 $n \in \mathbb{N}$，表示元素的数目"。

向量：一个向量是一列数。这些数是有序排列的。通过次序中的索引可以确定每个单独的数。与标量相似，我们也会注明存储在向量中的元素是什么类型的。如果每个元素都属于 $\mathbb{R}$，并且该向量有 n 个元素，那么该向量属于实数集 $\mathbb{R}$ 的 n 次笛卡儿乘积构成的集合，记为 $\mathbb{R}^n$。当需要明确表示向量中的元素时，我们会将元素排列成一个方括号包围的纵列：

$$x = \begin{bmatrix} x_1 \\ x_2 \\ \vdots \\ x_n \end{bmatrix}$$

向量可以被看作空间中的点，每个元素是不同坐标轴上的坐标。有时需要索引向量中的一些元素。在这种情况下，定义一个包含这些元素索引的集合，然后将该集合写在脚标处。例如，指定 x_1、x_3 和 x_6，定义集合 $S = \{1, 3, 6\}$，然后写作 x_S。下面用符号-表示集合的补集中的索引。例如，x_{-1} 表示 x 中除 x_1 外的所有元素；x_{-S} 表示 x 中除 x_1、x_3、x_6外所有元素构成的向量。

矩阵：矩阵是一个二维数组，其中的每一个元素被两个索引所确定。我们通常会赋予矩阵粗体的大写变量名称，如 $\boldsymbol{A}$。如果一个实数矩阵高度为 m，宽度为 n，那么我们说 $\boldsymbol{A} \in \mathbb{R}^{m \times n}$。在表示矩阵中的元素时，通常以不加粗的斜体形式使用其名称，索引用逗号间隔。例如，$A_{1,1}$ 表示 $\boldsymbol{A}$ 左上的元素，$A_{m,n}$ 表示 $\boldsymbol{A}$ 右下的元素。用":"表示水平坐标，以表示垂直坐标 i 中的所有元素。例如，$\boldsymbol{A}_{i,:}$ 表示 $\boldsymbol{A}$ 中垂直坐标 i 上的一横排元素。这也被称为 $\boldsymbol{A}$ 的第 i 行。同样地，$\boldsymbol{A}_{:,i}$ 表示 $\boldsymbol{A}$ 的第 i 列。当需要明确表示矩阵中的元素时，将它们写在用圆括号（方括号）括起来的数组中：

$$\begin{bmatrix} A_{1,1} & A_{1,2} \\ A_{2,1} & A_{2,2} \end{bmatrix}$$

有时需要矩阵值表达式的索引，而不是单个元素。在这种情况下，我们在表达式后面接下标，但不必将矩阵的变量名称小写化。例如，$f(\boldsymbol{A})_{i,j}$ 表示函数 f 作用在 $\boldsymbol{A}$ 上输出的矩阵的第 i 行第 j 列元素。

张量：在某些情况下，会讨论坐标超过二维的数组。一般地，一个数组中的元素分布在若干维坐标的规则网格中，称为张量。用字体 A 来表示张量"A"。张量 A 中坐标为 (i,j,k) 的元素记作 $A_{i,j,k}$。

转置（transpose）是矩阵的重要操作之一。矩阵的转置是以对角线为轴的镜像，这条从左上角到右下角的对角线被称为主对角线（main diagonal）。矩阵 $\boldsymbol{A}$ 的转置表示为 $\boldsymbol{A}^{\mathrm{T}}$，定义如下：

$$\boldsymbol{A}^{\mathrm{T}}_{i,j} = \boldsymbol{A}_{j,i}$$

向量可以看作只有一列的矩阵。对应地，向量的转置可以看作是只有一行的矩阵。有时，通过将向量元素作为行矩阵写在文本行中，然后使用转置操作将其变为标准的列向量来定义一个向量，如 $\boldsymbol{x} = [x_1, x_2, x_3]^{\mathrm{T}}$。

标量可以看作是只有一个元素的矩阵。因此，标量的转置等于它本身，$a = a^{\mathrm{T}}$。

只要矩阵的形状一样，就可以把两个矩阵相加。两个矩阵相加是指对应位置的元素相加，如 $\boldsymbol{C} = \boldsymbol{A} + \boldsymbol{B}$，其中，$C_{i,j} = A_{i,j} + B_{i,j}$。

标量和矩阵相乘，或是和矩阵相加时，只需将其与矩阵的每个元素相乘或相加，如 $\boldsymbol{D} = a\boldsymbol{B} + c$，其中，$C_{i,j} = A_{i,j} + c$。

在深度学习中，也使用一些不那么常规的符号。我们允许矩阵和向量相加，产生另一个矩阵：$\boldsymbol{C} = \boldsymbol{A} + \boldsymbol{b}$，其中，$C_{i,j} = A_{i,j} + b_j$。换言之，向量 $\boldsymbol{b}$ 和矩阵 $\boldsymbol{A}$ 的每一行相加。这个简写方法使我们无须在加法操作前定义一个将向量 $\boldsymbol{b}$ 复制到每一行而生成的矩阵。这种隐式地复制向量 $\boldsymbol{b}$ 到很多位置的方式，被称为广播（broadcasting）。

2. 矩阵和向量相乘

矩阵乘法是矩阵运算中最重要的操作之一。两个矩阵 $\boldsymbol{A}$ 和 $\boldsymbol{B}$ 的矩阵乘积（matrix product）是第三个矩阵 $\boldsymbol{C}$。为了使乘法定义良好，矩阵 $\boldsymbol{A}$ 的列数必须和矩阵 $\boldsymbol{B}$ 的行数相等。如果矩阵 $\boldsymbol{A}$ 的形状是 $m \times n$，矩阵 $\boldsymbol{B}$ 的形状是 $n \times p$，那么矩阵 $\boldsymbol{C}$ 的形状是 $m \times p$。可以通过将两个或多个矩阵并列放置以书写矩阵乘法，例如：

$$\boldsymbol{C} = \boldsymbol{A}\boldsymbol{B}$$

具体地，该乘法操作定义为

$$C_{i,j} = \sum_k A_{i,k} B_{k,j}$$

需要注意的是，两个矩阵的标准乘积不是指两个矩阵中对应元素的乘积。不过，那样的矩阵操作确实是存在的，被称为元素对应乘积（element-wise product）或者 Hadamard 乘积（Hadamard product），记为 $A \odot B$。

两个相同维数的向量 x 和 x 的点积（dot product）可看作是矩阵乘积 $x^T y$。可以把矩阵乘积 $C = AB$ 中计算 $C_{i,j}$ 的步骤看作是 A 的第 i 行和 B 的第 j 列之间的点积。

矩阵乘积运算有许多有用的性质，从而使矩阵的数学分析更加方便。例如，矩阵乘积服从分配律：

$$A(B + C) = AB + AC$$

矩阵乘积也服从结合律：

$$A(BC) = (AB)C$$

不同于标量乘积，矩阵乘积并不满足交换律（$AB = BA$ 的情况并非总是满足）。然而，两个向量的点积（dot product）满足交换律：

$$x^T y = y^T x$$

矩阵乘积的转置有着简单的形式：

$$(AB)^T = B^T A^T$$

现在我们已经知道了足够多的线性代数符号，可以表达下列线性方程组：

$$Ax = b$$

其中，$A \in \mathbb{R}^{m \times n}$ 是一个已知矩阵，$b \in \mathbb{R}^m$ 是一个已知向量，$x \in \mathbb{R}^n$ 是一个要求解的未知向量。向量 x 的每个元素 x_i 都是未知的。矩阵 A 的每一行和 b 中对应的元素构成一个约束。可以把 $Ax = b$ 重写为

$$A_{1,:} x = b_1$$
$$A_{2,:} x = b_2$$
$$\vdots$$
$$A_{m,:} x = b_m$$

或者，更明确地写作：

$$A_{1,1} x_1 + A_{1,2} x_2 + \cdots + A_{1,n} x_n = b_1$$
$$A_{2,1} x_1 + A_{2,2} x_2 + \cdots + A_{2,n} x_n = b_2$$
$$\vdots$$
$$A_{m,1} x_1 + A_{m,2} x_2 + \cdots + A_{m,n} x_n = b_m$$

矩阵向量乘积符号为这种形式的方程提供了更紧凑的表示。

3. 单位矩阵和逆矩阵

线性代数提供了被称为矩阵逆（matrix inversion）的强大工具。对于大多数矩阵 A，都能通过矩阵逆解析地求解 $Ax = b$。为了描述矩阵逆，首先需要定义单位矩阵（identity matrix）的概念。任意向量和单位矩阵相乘都不会改变。再将保持 n 维向量不变的单位矩阵记作 I_n，形式上，$I_n \in \mathbb{R}^{n \times n}$。

$$\forall x \in \mathbb{R}^n, \quad I_n x = x$$

单位矩阵的结构很简单：所有沿主对角线的元素都是1，而所有其他位置的元素都是0，如下：

$$\begin{bmatrix} 1 & 0 & 0 \\ 0 & 1 & 0 \\ 0 & 0 & 1 \end{bmatrix}$$

矩阵 A 的逆矩阵（matrix inversion）记作 A^{-1}，其定义的矩阵满足如下条件：

$$A^{-1}A = I_n$$

现在可以通过以下步骤求解 $Ax = b$：

$$Ax = b$$
$$A^{-1}Ax = A^{-1}b$$
$$I_n x = A^{-1}b$$
$$x = A^{-1}b$$

当然，这取决于我们能否找到一个逆矩阵 A^{-1}。当逆矩阵 A^{-1} 存在时，有几种不同的算法都能找到它的闭解形式。理论上，相同的逆矩阵可用于多次求解不同向量 b 的方程。然而，逆矩阵 A^{-1} 主要是作为理论工具使用的，并不会在大多数软件应用程序中实际使用。这是因为逆矩阵 A^{-1} 在计算机上只能表现出有限的精度，有效使用向量 b 的算法通常可以得到更精确的 x。

4. 线性相关和生成子空间

如果逆矩阵 A^{-1} 存在，那么 $Ax = b$ 肯定对于每一个向量 b 恰好存在一个解。但是，对于方程组而言，对于向量 b 的某些值，有可能不存在解，或者存在无限多个。存在多于一个解但是少于无限多个解的情况是不可能发生的；因为如果 x 和 y 都是某方程组的解，则

$$z = \alpha x + (1 - \alpha)y \quad (\text{其中，}\alpha \text{ 取任意实数})$$

也是该方程组的解。

为了分析方程有多少个解，可以将 A 的列向量看作从原点（origin）（元素都是零的向量）出发的不同方向，确定有多少种方法可以到达向量 b。在这个观点下，向量 x 中的每个元素表示应该沿着这些方向走多远，即 x_i 表示需要沿着第 i 个向量的方向走多远。

$$Ax = \sum_i x_i A_{:,i}$$

一般而言，这种操作被称为线性组合（linear combination）。形式上，一组向量的线性组合，是指每个向量乘以对应标量系数之后的和，即

$$\sum_i c_i v^{(i)}$$

一组向量的生成子空间（span）是原始向量线性组合后所能抵达的点的集合。

确定 $Ax = b$ 是否有解相当于确定向量 b 是否在 A 列向量的生成子空间中。这个特殊的生成子空间被称为 A 的列空间（column space）或者 A 的值域（range）。

为了使方程 $Ax = b$ 对于任意向量 $b \in \mathbb{R}^m$ 都存在解，我们要求 A 的列空间构成整个

$\mathbb{R}^m$。如果$\mathbb{R}^m$中的某个点不在A的列空间中,那么该点对应的b会使得该方程没有解。矩阵A的列空间是整个$\mathbb{R}^m$的要求,意味着A至少有m列,即$n \geqslant m$。否则,A列空间的维数会小于m。例如,假设A是一个3×2的矩阵。目标b是3维的,但是x只有二维。所以无论如何修改x的值,也只能描绘出$\mathbb{R}^3$空间中的二维平面。当且仅当向量b在该二维平面中时,该方程有解。

不等式$n \geqslant m$仅是方程对每一点都有解的必要条件。这不是一个充分条件,因为有些列向量可能是冗余的。假设有一个$\mathbb{R}^{2 \times 2}$中的矩阵,它的两个列向量是相同的,那么它的列空间和它的一个列向量作为矩阵的列空间是一样的。换言之,虽然该矩阵有2列,但是它的列空间仍然只是一条线,不能涵盖整个$\mathbb{R}^2$空间。

这种冗余被称为线性相关(linear dependence)。如果一组向量中的任意一个向量都不能表示成其他向量的线性组合,那么这组向量称为线性无关(linearly independent)。如果某个向量是一组向量中某些向量的线性组合,那么将这个向量加入这组向量后不会增加这组向量的生成子空间。这意味着,如果一个矩阵的列空间涵盖整个$\mathbb{R}^m$,那么该矩阵必须包含至少一组m个线性无关的向量。这是$Ax = b$对于每一个向量b的取值都有解的充分必要条件。值得注意的是,这个条件是说该向量集恰好有m个线性无关的列向量,而不是至少m个。不存在一个m维向量的集合具有多于m个彼此线性不相关的列向量,但是一个有多于m个列向量的矩阵有可能拥有不止一个大小为m的线性无关向量集。

要想使矩阵可逆,还需要保证$Ax = b$对于每一个b值至多有一个解。为此,需要确保该矩阵至多有m个列向量。否则,该方程会有不止一个解。

综上所述,这意味着该矩阵必须是一个方阵(square),即$m = n$,并且所有列向量都是线性无关的。一个列向量线性相关的方阵被称为奇异的(singular)。

如果矩阵A不是一个方阵或者是一个奇异的方阵,该方程仍然可能有解。但是不能使用矩阵逆去求解。

目前为止,已经讨论了逆矩阵左乘。也可以定义逆矩阵为

$$AA^{-1} = I$$

对于方阵而言,它的左逆和右逆是相等的。

5. 范数

有时需要衡量一个向量的大小。在机器学习中,经常使用被称为范数(norm)的函数衡量向量大小。形式上,L^p范数定义如下:

$$\|x\|_p = \left(\sum_i |x_i|^p\right)^{\frac{1}{p}}$$

其中,$p \in \mathbb{R}$,$p \geqslant 1$。

范数(包括L^p范数)是将向量映射到非负值的函数。直观上来说,向量x的范数衡量从原点到点x的距离。更严格地说,范数是满足下列性质的任意函数:

$$f(x) = 0 \Rightarrow x = 0$$

$$f(x + y) \leqslant f(x) + f(y) \quad (三角不等式(triangle\ inequality))$$

$$\forall a \in \mathbb{R}, \quad f(\alpha \mathbf{x}) = |\alpha| f(\mathbf{x})$$

当 $p=2$ 时,L^2 范数被称为欧几里得范数(Euclidean norm)。它表示从原点出发到向量 $\mathbf{x}$ 确定的点的欧几里得距离。L^2 范数在机器学习中出现得十分频繁,经常简化表示为 $\|\mathbf{x}\|$,略去了下标 2。平方 L^2 范数也经常用来衡量向量的大小,可以简单地通过点积 $\mathbf{x}^{\mathrm{T}}\mathbf{x}$ 计算。

平方 L^2 范数在数学和计算上都比 L^2 范数本身更方便。例如,平方 L^2 范数对 $\mathbf{x}$ 中每个元素的导数只取决于对应的元素,而 L^2 范数对每个元素的导数却和整个向量相关。但是在很多情况下,平方 L^2 范数也可能不受欢迎,因为它在原点附近增长得十分缓慢。在某些机器学习应用中,区分恰好是零的元素和非零但值很小的元素是很重要的。在这些情况下,我们转而使用在各个位置斜率相同,同时保持简单的数学形式的函数:L^1 范数。L^1 范数可以简化如下:

$$\|\mathbf{x}\|_1 = \sum_i |x_i|$$

当机器学习问题中零和非零元素之间的差异非常重要时,通常会使用 L^1 范数。每当 $\mathbf{x}$ 中某个元素从 0 增加 ε,对应的 L^1 范数也会增加 ε。有时候会统计向量中非零元素的个数来衡量向量的大小。有些作者将这种函数称为"L^0 范数",但是这个术语在数学意义上是不对的。向量的非零元素的数目不是范数,因为对向量缩放 α 倍不会改变该向量非零元素的数目。因此 L^1 范数经常作为表示非零元素数目的替代函数。

另外一个经常在机器学习中出现的范数是 L^{∞} 范数,也被称为最大范数(max norm)。这个范数表示向量中具有最大幅值的元素的绝对值:

$$\|\mathbf{x}\|_{\infty} = \max_i x_i$$

有时候可能也希望衡量矩阵的大小。在深度学习中,最常见的做法是使用 Frobenius 范数(Frobenius norm):

$$\|A\|_F = \sqrt{\sum_{i,j} A_{i,j}^2}$$

它类似于向量的 L^2 范数。

两个向量的点积(dot product)可以用范数来表示。具体地,

$$\mathbf{x}^{\mathrm{T}}\mathbf{y} = \|\mathbf{x}\|_2 \|\mathbf{y}\|_2 \cos\theta$$

其中,θ 表示 $\mathbf{x}$ 和 $\mathbf{y}$ 之间的夹角。

6. 特征分解

许多数学对象可以通过将它们分解成多个组成部分或者找到它们的一些属性而更好地理解,这些属性是通用的,而不是由我们选择表示它们的方式产生的。

例如,整数可以分解为质因数。可以用十进制或二进制等不同方式表示整数 12,但是 $12=2\times2\times3$ 永远是对的。从这个表示中可以获得一些有用的信息,比如 12 不能被 5 整除,或者 12 的倍数可以被 3 整除。

正如我们可以通过分解质因数来发现整数的一些内在性质,也可以通过分解矩阵来发现矩阵表示成数组元素时不明显的函数性质。特征分解(eigendecomposition)是使用

最广的矩阵分解之一，即将矩阵分解成一组特征向量和特征值。

特征分解（eigendecomposition）是使用最广的矩阵分解之一，即将矩阵分解成一组特征向量和特征值。

方阵 A 的特征向量（eigenvector）是指与 A 相乘后相当于对该向量进行缩放的非零向量 v：

$$Av = \lambda v$$

标量 λ 被称为这个特征向量对应的特征值（eigenvalue）。如果 v 是 A 的特征向量，那么任何缩放后的向量 sv（$s \in \mathbb{R}, s \neq 0$）也是 A 的特征向量。此外，sv 和 v 有相同的特征值。基于这个原因，通常只考虑单位特征向量。

假设矩阵 A 有 n 个线性无关的特征向量 $\{v^{(1)}, v^{(2)}, \cdots, v^{(n)}\}$，对应着特征值 $\lambda = [\lambda_1, \lambda_2, \cdots, \lambda_n]^\mathrm{T}$，因此 A 的特征分解可以记作：

$$A = V \mathrm{diag}(\lambda) V^{-1}$$

我们已经看到了构建具有特定特征值和特征向量的矩阵，能够使我们在目标方向上延伸空间。然而，我们也常常希望将矩阵分解（decompose）成特征值和特征向量。这样可以帮助我们分析矩阵的特定性质，就像质因数分解有助于我们理解整数。不是每一个矩阵都可以分解成特征值和特征向量。在某些情况下，特征分解存在，但是会涉及复数而非实数。幸运的是，在本书中，通常只需要分解一类有简单分解的矩阵。具体来讲，每个实对称矩阵都可以分解成实特征向量和实特征值：

$$A = Q \Lambda Q^\mathrm{T}$$

其中，Q 是 A 的特征向量组成的正交矩阵，Λ 是对角矩阵。特征值 $\Lambda_{i,j}$ 对应的特征向量是矩阵 Q 的第 i 列，记作 $Q_{:,i}$。因为 Q 是正交矩阵，可以将 A 看作沿方向 $v^{(i)}$ 延展 i 倍的空间。

虽然任意一个实对称矩阵 A 都有特征分解，但是特征分解可能并不唯一。如果两个或多个特征向量拥有相同的特征值，那么在由这些特征向量产生的生成子空间中，任意一组正交向量都是该特征值对应的特征向量。因此，可以等价地从这些特征向量中构成 Q 作为替代。按照惯例，通常按降序排列 Λ 的元素。在该约定下，特征分解唯一当且仅当所有的特征值都是唯一的。

矩阵的特征分解给了我们很多关于矩阵的有用信息。矩阵是奇异的当且仅当含有零特征值。实对称矩阵的特征分解也可以用于优化二次方程 $f(x) = x^\mathrm{T} A x$，其中限制 $\|x\|_2 = 1$。当 x 等于 A 的某个特征向量时，f 将返回对应的特征值。在限制条件下，函数 f 的最大值是最大特征值，最小值是最小特征值。

所有特征值都是正数的矩阵被称为正定（positive definite）；所有特征值都是非负数的矩阵被称为半正定（positive semidefinite）。同样地，所有特征值都是负数的矩阵被称为负定（negative definite）；所有特征值都是非正数的矩阵被称为半负定（negative semidefinite）。半正定矩阵受到关注是因为它们保证 $\forall x, x^\mathrm{T} A x \geqslant 0$。此外，正定矩阵还保证 $x^\mathrm{T} A x = 0 \Rightarrow x = 0$。

7. 奇异值分解

奇异值分解(singular value decomposition,SVD),即将矩阵分解为奇异向量(singular vector)和奇异值(singular value)。通过奇异值分解,会得到一些与特征分解相同类型的信息。然而,奇异值分解有更广泛的应用。每个实数矩阵都有一个奇异值分解,但不一定都有特征分解。例如,非方阵的矩阵没有特征分解,这时只能使用奇异值分解。

回想一下,使用特征分解去分析矩阵 A 时,得到特征向量构成的矩阵 V 和特征值构成的向量 λ,可以重新将 A 写作:

$$A = V \mathrm{diag}(\lambda) V^{-1}$$

奇异值分解是类似的,只不过将矩阵 A 分解成三个矩阵的乘积:

$$A = UDV^{\mathrm{T}}$$

假设 A 是一个 $m \times n$ 的矩阵,那么 U 是一个 $m \times m$ 的矩阵,D 是一个 $m \times n$ 的矩阵,V 是一个 $n \times n$ 矩阵。

这些矩阵中的每一个经定义后都拥有特殊的结构。矩阵 U 和 V 都定义为正交矩阵,而矩阵 D 定义为对角矩阵。注意,矩阵 D 不一定是方阵。

对角矩阵 D 对角线上的元素被称为矩阵 A 的奇异值(singular value)。矩阵 U 的列向量被称为左奇异向量(left singular vector),矩阵 V 的列向量被称为右奇异向量(right singular vector)。

事实上,可以用与 A 相关的特征分解去解释 A 的奇异值分解。A 的左奇异向量(left singular vector)是 AA^{T} 的特征向量。A 的右奇异向量(right singular vector)是 $A^{\mathrm{T}}A$ 的特征向量。A 的非零奇异值是 AA^{T} 特征值的平方根,同时也是 AA^{T} 特征值的平方根。

8. 行列式

行列式,记作 $\det A$,是一个将方阵 A 映射到实数的函数。行列式等于矩阵特征值的乘积。行列式的绝对值可以用来衡量矩阵参与矩阵乘法后空间扩大或者缩小了多少。如果行列式是 0,那么空间至少沿着某一维完全收缩了,使其失去了所有的体积。如果行列式是 1,那么这个转换保持空间体积不变。

B.2 概率论

概率论是用于表示不确定性声明的数学框架。它不仅提供了量化不确定性的方法,也提供了用于导出新的不确定性声明(statement)的公理。在人工智能领域,概率论主要有两种用途。首先,概率法则告诉我们 AI 系统如何推理,据此我们设计一些算法来计算或者估算由概率论导出的表达式。其次,可以用概率和统计从理论上分析我们提出的 AI 系统的行为。

1. 概率的意义

计算机科学的许多分支处理的实体大部分都是完全确定且必然的。程序员通常可以安全地假定 CPU 将完美地执行每条机器指令。虽然硬件错误确实会发生,但它们足够罕见,以至大部分软件应用在设计时并不需要考虑这些因素的影响。鉴于许多计算机科学家和软件工程师在一个相对干净和确定的环境中工作,机器学习对于概率论的大量使用是很令人吃惊的。

这是因为机器学习通常必须处理不确定量,有时也可能需要处理随机量。不确定性和随机性可能来自多个方面。事实上,除了那些被定义为真的数学声明,我们很难认定某个命题是千真万确的或者确保某件事一定会发生。

概率论最初的发展是为了分析事件发生的频率,可以被看作是用于处理不确定性的逻辑扩展。逻辑提供了一套形式化的规则,可以在给定某些命题是真或假的假设下,判断另外一些命题是真的还是假的。概率论提供了一套形式化的规则,可以在给定一些命题的似然后,计算其他命题为真的似然。

2. 随机变量

随机变量(random variable)是可以随机地取不同值的变量,它可以是离散的或者连续的。离散随机变量拥有有限或者可数无限多的状态。这些状态不一定非要是整数;它们也可能只是一些被命名的状态而没有数值。连续随机变量伴随着实数值。

3. 概率分布

概率分布(probability distribution)用来描述随机变量或一簇随机变量在每一个可能取到的状态的可能性大小。描述概率分布的方式取决于随机变量是离散的还是连续的。

1) 离散型变量和概率质量函数

离散型变量的概率分布可以用概率质量函数(probability mass function,PMF)来描述。概率质量函数将随机变量能够取得的每个状态映射到随机变量取得该状态的概率。$X=x$ 的概率用 $P(x)$ 来表示,概率为 1 表示 $X=x$ 是确定的,概率为 0 表示 $X=x$ 是不可能发生的。有时为了使得 PMF 的使用不相互混淆,会明确写出随机变量的名称:$P(X=x)$。有时会先定义一个随机变量,然后用～符号来说明它遵循的分布:$X \sim P(x)$。

概率质量函数可以同时作用于多个随机变量。这种多个变量的概率分布被称为联合概率分布(joint probability distribution)。$P(X=x, Y=y)$ 表示 $X=x$ 和 $Y=y$ 同时发生的概率,也可以简写为 $P(x, y)$。

如果一个函数 P 是随机变量 X 的 PMF,必须满足下面 3 个条件。

(1) P 的定义域必须是 X 所有可能状态的集合。

(2) $\forall x \in X, 0 \leqslant P(x) \leqslant 1$。

(3) $\sum_{x \in X} P(x) = 1$。

2）连续型变量和概率密度函数

当研究的对象是连续型随机变量时，用概率密度函数（probability density function, PDF）来描述它的概率分布。如果一个函数 p 是概率密度函数，必须满足下面 3 个条件。

（1）p 的定义域必须是 X 所有可能状态的集合。

（2）$\forall x \in X, p(x) \geqslant 0$。

（3）$\int p(x)\mathrm{d}x = 1$。

概率密度函数 $p(x)$ 并没有直接对特定的状态给出概率，相对地，它给出了落在面积为 δx 的无限小的区域内的概率为 $p(x)\delta x$。

可以对概率密度函数求积分来获得点集的真实概率质量。特别地，x 落在集合 $\mathbb{S}$ 中的概率可以通过 $p(x)$ 对这个集合求积分来得到。在单变量的例子中，$p(x)$ 落在区间 $[a, b]$ 的概率是 $\int_{[a,b]} p(x)\mathrm{d}x$。

3）边缘概率

有时候，知道了一组变量的联合概率分布，但想要了解其中一个子集的概率分布。这种定义在子集上的概率分布被称为边缘概率分布（marginal probability distribution）。

例如，假设有离散型随机变量 X 和 Y，并且我们知道 $P(X, Y)$，可以依据下面的求和法则（sum rule）来计算 $P(X)$。

$$\forall x \in X, \quad P(X = x) = \sum_y P(X = x, Y = y)$$

“边缘概率”的名称来源于手算边缘概率的计算过程。当 $P(X, Y)$ 的每个值被写在由每行表示不同的 x 值，每列表示不同的 y 值形成的网格中时，对网格中的每行求和是很自然的事情，然后将求和的结果 $P(X)$ 写在每行右边的纸的边缘处。对于连续型变量，需要用积分替代求和：

$$p(x) = \int p(x, y)\mathrm{d}y$$

4）条件概率

在很多情况下，我们感兴趣的是某个事件在给定其他事件发生时出现的概率，这种概率叫作条件概率。将给定 $X = x, Y = y$ 发生的条件概率记为 $P(Y = y \mid X = x)$。这个条件概率可以通过下面的公式计算：

$$P(Y = y \mid X = x) = \frac{P(Y = y, X = x)}{P(X = x)}$$

条件概率只在 $P(X = x) > 0$ 时有定义。不能计算给定在永远不会发生的事件上的条件概率。

这里需要注意的是，不要把条件概率和计算当采用某个动作后会发生什么相混淆。假定某个人说德语，那么他是德国人的条件概率是非常高的，但是如果随机选择的一个人会说德语，他的国籍不会因此而改变。

5）条件概率的链式法则

任何多维随机变量的联合概率分布都可以分解成只有一个变量的条件概率相乘的形式：

$$P(x^{(1)}, x^{(2)}, \cdots, x^{(n)}) = P(x^{(1)}) \prod_{i=2}^{n} P(x^{(i)} \mid x^{(1)}, x^{(2)}, \cdots, x^{(i-1)})$$

这个规则被称为概率的链式法则(chain rule)或者乘法法则(product rule)。

6) 独立性和条件独立性

两个随机变量 X 和 Y，如果它们的概率分布可以表示成两个因子的乘积形式，并且一个因子只包含 X，另一个因子只包含 Y，就称这两个随机变量是相互独立的(independent)。

$$\forall x \in X, y \in Y, p(x = X, y = Y) = p(x = X)p(y = Y)$$

如果关于 X 和 Y 的条件概率分布对于 Z 的每个值都可以写成乘积的形式，那么这两个随机变量 X 和 Y 在给定随机变量 Z 时是条件独立的(conditionally independent)。

$$\forall x \in X, y \in Y, z \in Z,$$
$$P(X = X, Y = Y \mid Z = Z) = P(X = X \mid Z = Z)P(Y = Y \mid Z = Z)$$

可以采用一种简化形式来表示独立性和条件独立性：$X \perp Y$，表示 X 和 Y 相互独立，$X \perp Y \mid Z$ 表示 X 和 Y 在给定 Z 时条件独立。

7) 数学期望、方差和协方差

函数 $f(x)$ 关于某分布 $P(x)$ 的数学期望(expectation)或者期望值(expected value)是指，当 x 由 P 产生，f 作用于 x 时，$f(x)$ 的平均值。对于离散型随机变量，可以通过求和得到，即

$$\mathbb{E}_{x \sim P}[f(x)] = \sum_x P(x)f(x)$$

对于连续型随机变量可以通过求积分得到，即

$$\mathbb{E}_{x \sim P}[f(x)] = \int \sum_x P(x)f(x)\mathrm{d}x$$

期望是线性的，例如：

$$\mathbb{E}_x[\alpha f(x) + \beta g(x)] = \alpha \mathbb{E}_x[f(x)] + \beta \mathbb{E}_x[g(x)]$$

其中，α 和 β 不依赖于 x。

方差(variance)衡量的是当我们对 x 依据它的概率分布进行采样时，随机变量 x 的函数值会呈现多大的差异，即

$$\mathrm{Var}(f(x)) = \mathbb{E}[(f(x) - \mathbb{E}[f(x)])^2]$$

当方差很小时，$f(x)$ 的值形成的簇比较接近它们的期望值。方差的平方根被称为标准差(standard deviation)。

协方差(covariance)在某种意义上给出了两个变量线性相关性的强度以及这些变量的尺度，即

$$\mathrm{Cov}(f(x), g(x)) = \mathbb{E}(f(x) - \mathbb{E}[f(x)])(g(y) - \mathbb{E}[g(y)])$$

8) 常用概率分布

(1) Bernoulli 分布。

Bernoulli 分布(bernoulli distribution)是单个二值随机变量的分布。它由单个参数 $\phi \in [0, 1]$ 控制，ϕ 给出了随机变量等于 1 的概率。它具有如下性质：

$$P(X = 1) = \phi$$

$$P(X=0)=1-\phi$$
$$P(X=x)=\phi^x(1-\phi)^{1-x}$$
$$\mathbb{E}_x[X]=\phi$$
$$\mathrm{Var}_x(X)=\phi(1-\phi)$$

（2）Multinoulli 分布。

Multinoulli 分布（multinoulli distribution）或者范畴分布（categorical distribution）是指在具有 k 个不同状态的单个离散型随机变量上的分布。其中，k 是一个有限值。Multinoulli 分布由向量 $p\in[0,1]^{k-1}$ 参数化，其中，每一个分量 p_i 表示第 i 个状态的概率。最后的第 k 个状态的概率可以通过 $1-\mathbf{1}^\mathrm{T}p$ 给出。

9）高斯分布

实数上最常用的分布是正态分布（normal distribution），也称为高斯分布（gaussian distribution）。

$$N(x;\mu,\sigma^2)=\sqrt{\frac{1}{2\pi\sigma^2}}\exp\left[-\frac{1}{2\sigma^2}(x-\mu)^2\right]$$

正态分布由两个参数控制：$\mu\in\mathbb{R}$ 和 $\sigma\in(0,\infty)$。参数 μ 给出了中心峰值的坐标，这也是分布的均值：$\mathbb{E}[X]=\mu$。分布的标准差用 σ 表示，方差用 σ^2 表示。

采用正态分布在很多应用中都是一个明智的选择。当我们由于缺乏关于某个实数上分布的先验知识而不知道该选择怎样的形式时，正态分布是默认的比较好的选择。

正态分布可以推广到 $\mathbb{R}^n$ 空间，这种情况下被称为多维正态分布（multivariate normal distribution）。它的参数是一个正定对称矩阵 $\boldsymbol{\Sigma}$：

$$N(x;\mu,\boldsymbol{\Sigma})=\sqrt{\frac{1}{(2\pi)^n\det\boldsymbol{\Sigma}}}\exp\left[-\frac{1}{2}(x-\mu)^\mathrm{T}\boldsymbol{\Sigma}^{-1}(x-\mu)\right]$$

参数 $\boldsymbol{\mu}$ 仍然表示分布的均值，只不过现在是向量值。参数 $\boldsymbol{\Sigma}$ 给出了分布的协方差矩阵。和单变量的情况类似，当我们希望对很多不同参数下的概率密度函数多次求值时，协方差矩阵并不是一个很高效的参数化分布的方式，因为对概率密度函数求值时需要对 $\boldsymbol{\Sigma}$ 求逆。我们可以使用一个精度矩阵（precision matrix）$\boldsymbol{\beta}$ 进行替代。

$$N(x;\mu,\boldsymbol{\beta}^{-1})=\sqrt{\frac{\det\boldsymbol{\beta}}{(2\pi)^n}}\exp\left[-\frac{1}{2}(x-\mu)^\mathrm{T}\boldsymbol{\beta}(x-\mu)\right]$$

10）指数分布和 Laplace 分布

在深度学习中，经常会需要一个在 $x=0$ 点处取得边界点（sharp point）的分布。为了实现这一目的，可以使用指数分布（exponential distribution）：

$$p(x;\lambda)=\lambda\,|_{x\geqslant0}\exp(-\lambda x)$$

指数分布使用指示函数（indicator function）$|x\leqslant0$ 来使得当 x 取负值时的概率为零。一个联系紧密的概率分布是 Laplace 分布（laplace distribution），它允许在任意一点 μ 处设置概率质量的峰值：

$$\mathrm{Laplace}(x;\mu,\gamma)=\frac{1}{2\gamma}\exp\left(-\frac{|x-\mu|}{\gamma}\right)$$

4. 贝叶斯规则

我们经常会需要在已知 $P(Y|X)$ 时计算 $P(X|Y)$。幸运的是,如果还知道 $P(X)$,可以用贝叶斯规则(Bayes'Rule)来实现这一目的。

$$P(X \mid Y) = \frac{P(X)P(Y \mid X)}{P(Y)}$$

在上面的公式中,$P(Y)$ 通常使用 $P(Y) = \sum_x P(Y \mid X)P(X)$ 来计算,所以并不需要事先知道 $P(Y)$ 的信息。

参 考 文 献

参考文献详见下方二维码。

图书资源支持

感谢您一直以来对清华版图书的支持和爱护。为了配合本书的使用，本书提供配套的资源，有需求的读者请扫描下方的"书圈"微信公众号二维码，在图书专区下载，也可以拨打电话或发送电子邮件咨询。

如果您在使用本书的过程中遇到了什么问题，或者有相关图书出版计划，也请您发邮件告诉我们，以便我们更好地为您服务。

我们的联系方式：

地　　址：北京市海淀区双清路学研大厦 A 座 714

邮　　编：100084

电　　话：010-83470236　　010-83470237

客服邮箱：2301891038@qq.com

QQ：2301891038（请写明您的单位和姓名）

资源下载：关注公众号"书圈"下载配套资源。

资源下载、样书申请

书 圈

获取最新书目

观看课程直播